4186 $\frac{99}{2}$ – A. arts

138 · 4 · 17.

HISTOIRE
NATURELLE
DE
LA FRANCE
MÉRIDIONALE.

SECONDE PARTIE.
LES VÉGÉTAUX.
TOME PREMIER.

AVIS AUX SOUSCRIPTEURS.

La mort de M. Dupain-Triel, Ingé-nieur-Géographe, qui avoit levé fur les lieux, qui deffinoit & gravoit les Cartes de cet Ouvrage, fufpend la publication du Tome V ; il eft imprimé, & il contient l'Hiftoire naturelle des Diocèfes d'Agde, de Montpellier, celle de la plaine & des embouchures du Rhône, &c ; les Cartes néceffaires à l'intelligence des ob-jets qui font traités dans ce Volume, commencées par M. Dupain-Triel, n'ont pu être finies auffi-tôt que je l'aurois de-firé : ce qui m'a déterminé à retarder pour quelque temps la publication de ce Volume qui paroîtra bientôt avec le Tome II des Végétaux qui eft fous preffe.

Chaque livraifon fera compofée à l'ave-nir de deux Volumes, dont l'un fur les Végétaux, ou fur les Animaux ; & l'autre fur l'Hiftoire naturelle des Montagnes.

La préfente livraifon eft compofée du Tome I des Végétaux & du Tome VI des Minéraux.

HISTOIRE
NATURELLE
DE LA FRANCE
MÉRIDIONALE.

SECONDE PARTIE.
LES VÉGÉTAUX.

TOME I.

CONTENANT les principes de la Géographie physique du règne végétal, l'exposition des climats des Plantes, avec des Cartes pour en exprimer les limites.

Par M. l'Abbé SOULAVIE.

A PARIS,

Chez
- J. FR. QUILLAU, Libraire, rue Christine, au Magasin Littéraire ;
- MERIGOT l'aîné, vis-à-vis de la nouvelle Salle de l'Opéra ;
- MERIGOT jeune, quai des Augustins ;
- BELIN, rue Saint-Jacques.

M. DCC. LXXXII.

DISCOURS

PRÉLIMINAIRE

Sur l'Histoire de la Botanique & sur l'Histoire Naturelle des Végétaux de la France méridionale.

Les Anciens ne trouvèrent dans les minéraux qu'un objet de luxe; des couleurs, des formes & des surfaces. Dans l'ordre des végétaux ils n'observèrent que des propriétés utiles ou nuisibles, & les progrès de l'esprit humain furent dans cette science, l'ouvrage successif de plusieurs nations.

Végét. Tom. I.　　　A

Ainfi Théophrafte, ce Pline des Grecs, qui n'avoit reconnu dans les pierres que des fubftances plus ou moins précieufes, plus ou moins propres au fafte & aux monumens, ne vit auffi, dans les végétaux, que des Simples utiles aux Arts, & nuifibles ou favorables à la fanté, ou propres enfin à la rétablir.

Les minéraux & les végétaux ne furent donc confidérés des Anciens que relativement à nous-mêmes ; la phyfique des plantes, la méthode des claffes ; le jeu de la génération, les phénomè-nes des poils & des glandes, la pofition naturelle & géographi-que des plantes, &c. &c. devoient occuper d'autres nations & d'au-tres hommes.

Le genre humain cependant

fecoua, d'un commun accord, vers la fin du feizième fiècle, plufieurs préjugés antiques; & Gefner trouva l'idée d'établir les genres des plantes par leurs fleurs, leurs femences & leurs fruits.

Mais cette découverte, ce premier effort du génie qui rompoit fes chaînes, tenoit encore aux apparences externes de l'objet, & la phyfique des Péripatéticiens qui ne connoiffoit que les entités, les formalités & les autres idées auffi chimériques des anciens temps, dominoit encore fur tous les efprits; la phyfique des faits, créée par Defcartes, Galilée & Huigens ne pouvoit encore diriger la phyfique des plantes.

Belon eft le premier François qui eut le courage de voyager

A 2

pour obferver la nature, il parcourut la Judée, la Grèce, & l'Arabie, il écrivit fur les arbres conifères. Jean & Gafpard Bauhin appliquèrent enfuite à la Botanique les connoiffances phyfiques de leur fiècle ; & Dalechamp reconnut dès 1587, les phénomènes qui féparent une plante marécageufe de celle qui vit dans les pays fabloneux & pierreux ; ainfi la phyfique des plantes acquéroit tous les jours de nouveaux faits, les autres fciences voifines lui donnoient de nouvelles lumières ; & comme il n'exifte aucun genre de favoir parfaitement ifolé, la Botanique fut à la portée d'un plus grand nombre de Savans.

En 1588, Porta diftingua les

plantes aquatiques des terreſtres, les cultivées & les ſauvages, celles des pays froids & celles des pays chauds ; mais l'eſprit humain étoit encore ſi occupé des formes & de tant d'idées de l'ancienne école, qu'on trouve à côté de ces découvertes lumineuſes des obſervations triviales, dignes du peuple. Porta traite ſérieuſement des plantes ſemblables à des cheveux, à des yeux, à des teſticules, à des poumons, à la queue des ſcorpions, à des cornes, à une bouche, à la queue d'un cheval, tant il étoit difficile de ſecoüer la doctrine des relations, & les autres vues rétrécies ou chimériques de l'école.

Ces premières idées vraies &

A 3

faines, qui avoient enrichi la Botanique, enfantèrent bientôt de nouvelles vérités : Magnol apperçut
en 1689, la parenté des plantes.
Cette idée primitive, encore dans
l'enfance, ne fut point foutenue
par cette fuite de faits & d'obfervations dont M. Adanfon l'a
revêtue ; cette vue annonce feulement les premières lueurs du
génie qui éclairoit dans le fiècle
paffé toutes les fortes de connoiffances.

Tournefort, créateur de la
Botanique moderne, parut bientôt après dans la république des
Savans ; fon voyage au Levant ;
celui de Plumier en Amérique ;
les recherches de Dodard, de
Scheuzher, &c. offrirent un
autre monde & de nouvelles

vues ; Boherhave , éclairé de la
science des êtres organisés , étudia
les plantes en Philosophe ; bientôt
la Botanique ne fut plus une
science des noms ; la physiologie
des plantes sortit du néant ; on
les traita comme des êtres organisés vivans , susceptibles de maladies & de la mort , & on substi-
tua peu-à-peu la physique au savoir
systématique des végétaux , si
inutile & si arbitraire.

Antoine de Jussieu , qui ob-
serva les plantes fossiles , donna
ensuite un beau mémoire sur leur
Histoire Ancienne ; Lemeri ,
dans son Dictionnaire des drogues , exposa leurs qualités médicales ; Marsili montra la
propagation des champignons.
Ces découvertes sembloient an-

A 4

noncer la révolution opérée par
M. Duhamel.

Ce Savant réunit dans un corps
d'ouvrage les connoiſſances phyſiques ſur les plantes qu'il per-
fectionna par de lumineuſes expériences : ſon Traité des Arbres
expoſa cet ordre des végétaux
d'une manière neuve. La jeuneſſe,
l'adoleſcence, l'âge mûr, la
vie & la mort des plantes furent
ſuivis avec ſagacité & décrits
avec goût.

M. Haller obſerva enſuite les
plantes des ſommets des montagnes ; & Linneus, créant ſon
fameux ſyſtême, donna dans ſes
Aménités l'Hiſtoire phyſiologi-
que de quelques fonctions phyſiques des plantes ; le Docteur Sauvage voulut encore les diſtinguer

par leurs feuilles , & fubftituer
à tant de nomenclatures , des
nomenclatures nouvelles ; mais
M. de Buffon fait pour philofo-
pher fur tous ces objets, pour éloigner toute efpèce de favoir arbitraire dans la fcience de la nature ,
montra que nous étions trop peu
avancés dans la fcience des faits ,
pour nous occuper des formes externes qui furent pendant fi long
temps l'objet des travaux de nos
prédéceffeurs ; ainfi l'efprit humain quittant peu-à-peu les apparences pour fuivre le réel ,
s'occupa des faits & abandonna
les formes.

M. Guettard découvrit enfuite
les glandes & les poils des plantes ; cet organe effentiel à la vie
des végétaux, donna des éclaircif-

femens fur les fonctions vitales des êtres organifés. M. Guettard en créa un fyftême nouveau, trop peu connu, prefque oublié, & digne d'être mis
encore fous un nouveau jour ;
les parties de la génération ont
été dans les Ouvrages de divers
Botaniftes le fondement de la
féparation des claffes ; mais je
defire d'obtenir quelques années
de repos pour donner à ce fyftême toutes les preuves & addi-
tions dont il eft fufceptible, car
il femble que les glandes & les
poils, organe commun & univerfel dans toutes les plantes,
peuvent être traités d'une manière générale, & réunir, dans
un petit nombre de claffes, les
individus du règne végétal.

M. de Seguier compara à nos plantes celles de Vérone, & mit la corole & les pétales sous un nouveau jour. M. de Buffon & M. Duhamel, observant les plantes en grand, & pendant un grand nombre d'années, nous donnerent, dans la suite, non l'histoire des plantes, mais celle des forêts entières, relativement à leur plantation & à leur exploitation ; & M. Adanson, créant une nouvelle nomenclature établie, non sur des formes, mais sur les phénomènes réunis des plantes, nous prouva leur parenté & leur analogie naturelle ; & nous desirons bien sincèrement que ce philosophe, publiant ses familles universelles de végétaux, d'animaux, & de minéraux, dévoile aux Savans les myſtères dont il s'occupe depuis tant d'années.

Bientôt de nouveaux phéno-mènes furent découverts ; M. de Fougeroux de Bondaroy nous montra la formation des couches ligneuſes concentriques ; M. de Juſſieu nous conſerve encore la gloire d'un nom ſi cher à la Bota-nique ; & M. De la Marck, par-courant nos montagnes & nos forêts, nous a donné enfin la Flore de notre climat.

Telle fut à-peu-près la marche de l'eſprit humain dans la ſcience des végétaux ; on voit qu'il a paſſé peu-à-peu du plus connu vers le moins connu, & des formes extérieures, vers les opé-rations intérieures & phyſiologiques des plantes ; cet Ouvrage est le fruit de deux mille ans de travaux ; & quoique les plantes aient été perpétuellement obfer- vées par befoin , l'efprit humain n'a connu leurs phénomènes qu'après les progrès de la phyfi- que ; il a attendu cet âge de lumière pendant plufieurs fiècles, ne s'occupant que des formes & de la nomenclature ; mais faifant précéder la fcience des faits aux hypothèfes.

La Botanique phyfique fem- ble parvenue aujourd'hui à une forte de perfection ; fa phyfio- logie expofe les phénomènes les plus admirables ; & quand même cette fcience ne feroit pas liée à la Médecine, les fimples véri- tés phyfiques qu'elles offrent fuf-

firoient pour attacher l'efprit à
leur étude.

La Botanique phyfique, bien
différente de la Botanique fyfté-
matique, eft peut-être la feule
fcience dans laquelle l'efprit humain ait fait des progrès naturels:
les faits & les obfervations ont
toujours précédé la théorie; l'i-
magination fi portée à enfanter
les chimères qu'un fiècle ingénieux établit, & qu'un fiècle
penfeur fait renverfer, n'a point
eu accès dans cette fcience :
les végétaux n'ont offert, aux
créateurs des fyftêmes, qu'une
matière peu propre à les fervir;
en forte que les fondemens de la
fcience phyfique des végétaux
font inébranlables, comme les
vérités de phyfique avec lef-

quelles ils ont tant d'analogie.

Mais la Botanique fyftémati-
que, celle qui s'occupe de placer
les plantes qui vivent fur la furface
du globe dans un certain nombre des claffes analogues, n'a
point des principes auffi ftables ;
c'eft un genre de favoir qui peut
nous montrer la foibleffe de
l'efprit humain, lorfqu'il n'eft
point appuyé fur des obfervations
affez étendues ; & l'hiftoire des
nomenclatures botaniques, depuis Diofcoride jufqu'à Linné,
nous en offre la preuve la plus
complette.

Nous avons confidéré jufqu'à
préfent les phénomènes de la
nature, dans le règne minéral ;
les loix de la méchanique la plus
fimple régiffent cet ordre, &

l'état paſſif de ces ſubſtances montre que par leur nature elles ſont ſoumiſes à l'action des agens, à des loix univerſelles de la nature, dont la force eſt hors du corps minéral qui obéit.

Le règne végétal que nous allons traiter, nous offrira un autre monde & des êtres nouveaux, dont la force active réſide dans eux-mêmes; des êtres organiſés qui naiſſent d'une ſemence, qui croiſſent, qui digèrent des ſubſtances nourricières, qui ſemblent vivre par familles ſur la ſurface du globe, qui préparent des germes & les fécondent, qui produiſent leurs ſemblables. Nous ne traiterons point ici en détail tous ces phénomènes, c'eſt l'ouvrage des Savans

Savans qui ont entrepris l'Hiftoire univerfelle du règne végétal ; notre but eft d'examiner
l'état de la végétation dans nos
contrées méridionales, & d'expofer les phénomènes particuliers à cette région de la France.

Mais pour exécuter cette entreprife, il eft néceffaire d'abord
d'expofer les phénomènes généraux des plantes & leur hiftoire phyfique, comme des pré-
liminaires néceffaires à ce que
nous devons dire fur cet objet ;
la phyfique des plantes eft trop
liée à notre agriculture, elle eft
auffi trop ignorée dans notre
Province pour omettre cet article effentiel. Nous avons toujours defiré de faciliter les
moyens d'obferver la nature

Végét. Tom. I. B

dans nos Provinces ; nous avons indiqué les routes & les lieux précis des obfervations pour l'avantage des curieux de la nature, & ce but , toujours fubfiftant , nous porte à fuivre cette marche dans la partie du règne végétal. L'introduction à l'Hiftoire phyfique de nos plantes méridionales , formant la première partie de ce travail , fera divifée ainfi en plufieurs Chapitres , fur la jeuneffe , l'adolefcence , la vieilleffe & la mort des plantes , fur leur anatomie , fur la marche de l'efprit humain dans les fyftêmes divers dont cette anatomie fut la bafe , fur leur nutrition , fur leurs principes chymiques & fur leur décompofition ancienne & moderne fur la furface du globe, &c.

Tous ces objets divers font étrangers à l'Hiftoire Naturelle de nos plantes méridionales ; mais comme l'efprit humain, dans la perfection de fes connoiffances, marche toujours du plus connu vers le moins connu, ils font les principes de ce que nous dirons dans notre feconde partie, qui traitera de l'état des plantes dans nos régions.

L'examen de nos plantes foffiles ou impreffions d'herbes dans le Schifte ; cette découverte de feu B. de Juffieu, la chaleur athmofphérique néceffaire à ces plantes, le nombre de degrés de chaleur néceffaire à la maturité des fruits, à la confervation de l'efpèce, nous donnera

B 2

l'état de la météorologie ancienne de ce climat.

Or il faut obferver que ce
n'eft pas ici le lieu de traiter des
révolutions qui ont enfoui les
anciennes plantes, ni de la caufe
des variations athmofphériques
depuis ce temps-là ; ces queftions appartiennent à l'hiftoire
du globe, & non point à celle
des plantes.

Mais nous examinerons la différence de la température athmofphérique ancienne d'avec la température moderne, & les foffiles
feront notre thermomètre. Nous
confidérerons des montagnes glacées, la moitié de l'année, pro-
duifant autrefois les plantes méridionales de Montpellier & de
Marfeille, & les fougères de

la zône-torride, obfervées par Plumier, & par tant d'autres Voyageurs.

Et comme les plantes qui ne vivent & ne fe reproduifent que par le fecours de la chaleur, fuivent, dans leur diftribution fur la terre, un ordre conftant, comme le fommet glacé de nos montagnes & les plaines brûlantes de Languedoc & de Provence, ont entre eux un efpalier immenfe qui, en Languedoc & en Provence, s'offre aux afpects du foleil du midi, nous obferverons fur cette pente rapide les forces graduées de la végétation qui fuivent les forces graduées de la chaleur folaire.

Les hommes ont divifé, dans tous les temps, ce territoire en

B 3

Diocèses & en Provinces, en Généralités & en Paroisses ; mais la nature a posé ses divisions d'une manière constante & inaltérable ; elle a assigné aux plantes leur climat, comme elle a assigné au globe terrestre celui de la zône torride & celui de la Sibérie pour les familles particulières à ces deux régions.

Or la Géographie physique des plantes méridionales peut être enseignée par des principes ; la météorologie, perfectionnée de nos jours, comme les autres connoissances solides & exactes, combinée avec la géographie physique, annonce la vérité de ces principes, que nous exposerons dans un chapitre expressément.

Ainsi, comme la Géographie politique a ses cartes, sur lesquelles les hommes ont placé la distance des villes qu'ils ont bâties, la Géographie des plantes permet aussi de dresser des cartes botaniques sur les climats des végétaux. Nous exposerons donc, dans un travail particulier, l'application des principes précédens sur une partie de la surface de la France méridionale, & nous tracerons les climats superposés des plantes principales, tels que les arbres fruitiers & les arbustes,&c. depuis le sommet de nos montagnes jusqu'au bord de la mer.

Après avoir suivi de la sorte la marche de la nature dans la distribution des familles des plan-

B 4

tes sur la surface de la terre,
nous traiterons des plantes ou
arbres alpins. L'histoire des
plantes du climat moyen, suit
les plantes plus élevées.

Enfin les productions de la
Provence, les orangers, les figuiers, les oliviers, &c. termi-
neront cette partie.

Après avoir observé les plantes relativement à elles-mêmes,
nous les considérerons relativement à nos intérêts. L'homme
a su les employer à ses usages,
& son industrie remarquable,
sur-tout dans nos régions méridionales où le citoyen a beaucoup d'activité dans l'esprit,
mérite d'être observée. Tel est
le plan de ce que les hommes
ont découvert sur la science des

végétaux, & de ce qui nous reste à traiter sur cette partie.

La Botanique, faite pour les belles ames, entraîne perpétuellement l'obfervateur vers le Créateur des êtres; chaque phénomène nouveau porte l'efprit vers l'Etre fouverain de la nature, & remplit l'ame d'admiration & de refpect ; s'il étoit poffible que l'idée de Dieu fe perdît dans une Nation , le Botanifte feul la rétabliroit.

Nos Rois ont toujours protégé cette forte de connoiffance: Henri IV fonda, à Montpellier, le Jardin des plantes.

Louis XIII établit, à Paris, le Jardin du Roi, fi digne aujourd'hui des regards des curieux de la nature.

Louis XIV envoya Plumier en Amérique, Tournefort au Levant & Feuillé au Pérou, pour y reconnoître de nouvelles plantes, & en enrichir la France.

Louis XV s'occupa souvent de l'étude des simples ; il se plut souvent à parler le langage de la Botanique avec plusieurs Savans, & voulut avoir un Jardin à Trianon. Il envoya M. de Jussieu au Pérou, & M. Adanson au Sénégal, pour y étudier les plantes de ces climats extrêmes.

Louis XVI enfin ordonne de nouveaux travaux dans son Jardin royal, qui, sous la direction de M. de Buffon, prend une nouvelle face. Le Roi a déjà envoyé dans diverses contrées du globe plufieurs Savans, pour en apporter des graines. Senfible à toutes les fortes de véritable gloire, ce jeune Monarque a reconnu que la force & la profpérité d'une vafte Monarchie confiftent en partie dans le fuccès de l'Agriculture, du Commerce & de l'Induftrie; dans le progrès des fciences qui les perfectionnent & dans l'art militaire; & enfin, dans toutes les efpèces d'arts utiles ou agréables, qui font devenus néceffaires à nos ufages & à nos mœurs actuelles.

HISTOIRE

NATURELLE

DES VÉGÉTAUX

DE LA FRANCE

MÉRIDIONALE.

PREMIÈRE PARTIE.

INTRODUCTION.

Après avoir considéré les êtres silencieux, nous reviendrons sur la partie sèche du globe, nous y examinerons des êtres plus silencieux encore ; nous observerons les végétaux tristement attachés au sol sur lequel ils se sont élevés. Ces êtres particuliers ne peuvent d'eux - mêmes ni changer de place, ni s'agiter, &c.

Discours préliminaire de la Physique générale & particulière de M. le Comte de la Cepède, Tom. 1, pag. 32.

INTRODUCTION

A

L'HISTOIRE PHYSIQUE

DES PLANTES

DE LA FRANCE MÉRIDIONALE.

CHAPITRE I.

Observations physiques sur les végétaux, les animaux & les minéraux. De la juxtaposition, de l'intus-susception & du sentiment.

1. DANS le minéral, on ne trouve qu'une juxtaposition des parties ou une simple adhérence des molécules élémentaires. Les cryſtaux même & les ſels qui ſont, dans cet ordre, les êtres les plus parfaits relativement à nous, parce qu'ils nous préſentent des formes géométriques & régulières, qui décèlent plus de ſoins, ou d'intelligence dans l'ouvrier, ne ſont qu'un compoſé de corpuſcules élémentaires plus petits, un agrégat de formes analogues; en ſorte qu'une multiplicité d'angles s'uniſſent, par les forces de l'adhéſion, à une autre multiplicité d'angles voiſins, d'où réſultent toujours des angles plus grands, ce qui fournit enfin le cryſtal à facettes.

2. Dans l'être qui végète, cette adhérence n'eſt plus la cauſe conſtitutive de ſon exiſtence, comme végétal. La juxtapoſition des fibres eſt moins le principe de vie de la plante, que l'intus-ſuſception d'un fluide nourricier dans des organes digeſtifs, d'où réſultent la nutrition, le développement de la plante & la reproduction de l'eſpèce.

3. Mais dans l'animal, les merveilles
ſe

fe multiplient encore, non feulement
il y a une juxtapofition des molécules fi-
milaires, une intus-fufception des parties nutritives ; mais l'animal eft régi
par un principe actif, fource de fes fenfations ; tandis que dans l'homme, le
chef-d'œuvre du Créateur parmi les
animaux, une ame fpirituelle, fupérieure au corps, douée de raifon, de
volonté, de liberté & d'immortalité,
préfide à la portion chétive & matérielle
de fon être, qui retourne en pouffière
& qui n'eft que de boue.

Tels font les trois principes qui diftinguent les règnes de la nature ; ils
établiffent l'échelle des êtres & féparent par des barrières infurmontables
les minéraux des végétaux, & ceux-ci
des animaux.

4. La cryftallifation ou la juxtapofition, eft le propre de l'ordre minéral ;
la juxtapofition & l'intus-fufception des
liqueurs nourricières appartiennent au
règne végétal. La juxtapofition, l'intus-fufception & le fentiment diftinguent enfin l'animal, & nous préfen-

Végét. Tom. I.   C

tent les trois grands phénomènes du monde organisé, phénomènes ordonnés par la Divinité même, pour régir la hiérarchie du monde avec cette sageffe admirable que nous obfervons de tous côtés.

5. La cryftallifation fuppofe un fluide qui tient dans une forte de diffolution les molécules élémentaires des minéraux. Pour qu'ils s'approchent donc & qu'ils forment les principes du cryftal, il faut que le fluide, qui tenoit les deux molécules écartés, fe retire. L'acte de la cryftallifation emporte donc la fuite du fluide interpofé qui eft dans un état purement paffif.

Dans l'intus-fufception des fucs digeftifs des êtres organifés, ce fluide au contraire eft actif comme celui qui s'introduit dans les corps fpongieux ou dans les tuyaux capillaires. Le corps contenant eft dans un état paffif, tandis que l'eau contenue offre les phénomènes d'un agent actif.

6. Il y a donc dans les molécules élémentaires de la cryftallifation du mi-

néral une force active, qui les porte
à chasser le fluide intermédiaire & à
se réunir ; comme il y a dans les fluides
végétaux une force active d'intromis-
fion qui fait circuler le fuc nourricier ;
& ce qui diftingue le végétal du minéral,
c'eft que dans celui - ci le fluide eft
paffif, & dans celui-là il agit par lui-
même.

7. Mais cette activité eft nulle, fi on
la compare à l'activité fpontanée &
animée des animaux. Ici les phénomènes de l'adhéfion & de la vicinité
des particules élémentaires, & l'activité du fluide de la nutrition, ne font
rien en comparaifon de la fenfibilité
des animaux. Ouverts à l'impreffion
des objets extérieurs, leurs fens les
avertiffent de ce qui paffe à l'entour,
& foudain la volonté, le defir ou la
répugnance s'expriment au-dehors ; or
ces paffions font d'une autre nature,
elles font bien fupérieures aux phénomènes des plantes, qui ne font que
le réfultat d'une intus-fufception purement méchanique.

C 2

CHAPITRE II.

Définition de la plante.

8. UNE plante eſt un corps organiſé, qui prépare & digère les ſubſtances qui la nourriſſent, qui a une force ſpontanée dans ſes racines pour chercher ſa nourriture, & dans ſes branches, pour jouir de l'aſpect de la lumière néceſſaire à ſon exiſtence, dont le tronc immobile eſt attaché au lieu où elle s'eſt fixée, qui eſt dénuée de ſentiment ; mais pourvue d'une ſenſibilité paſſive & méchanique, & qui produit ſon ſemblable enfin par la génération.

Cette définition diſtingue la plante des autres productions du Créateur, car la plupart des définitions qu'on a données des plantes juſqu'à ce jour, peuvent convenir encore à des animaux ſouſmarins, qui adhèrent à des rochers, qui reçoivent la nourriture telle qu'elle se présente, sans étendre leurs parties pour la chercher. La plante, au contraire, dirige ses racines vers les terreins défrichés ou les plus fumés, où se trouve une plus grande abondance de nourriture.

Cette définition distingue aussi la plante des animaux, qui dans le monde microscopique, dans les mites, &c. &c. existent, la plupart, sans jouir de la lumière, & qui paroissent avoir le sentiment de leur existence, refusé aux plantes. Ce sentiment consiste à reconnoître leurs sensations & à les rappeller à leur mémoire dans le besoin. Ainsi tous les animaux, outre le sentiment de la faim, se rappellent, en voyant leur nourriture, qu'elle a satisfait leur faim ; sorte de mémoire refusée aux plantes, dont l'appétit, si elles en ont un, n'est qu'une simple intus-susception méchanique des sucs nourriciers.

Enfin ma définition ne peut convenir aux minéraux qui forment un des règnes de la nature ; car il est évident qu'ils n'ont ni la sensibilité phy-

ſique, ni l'appétit de la reproduction,
ni les organes de la digeſtion, &c.

Ma définition convient donc au défini, & au ſeul défini, & elle expoſe
les principaux phénomènes des plantes.

CHAPITRE III.

De la mobilité & de l'immobilité du tronc.
Nouvelles observations sur cette ma-
tière.

9. EN général les troncs sont immobiles; cet état dépend de l'adhérence des racines qui s'étendent & se transportent autour du tronc d'une manière divergente. Cette permanence donne aux plantes l'immobilité, qui paroît leur être particulière.

10. Une observation que j'ai faite, en 1768, sur le châtaignier, m'a prouvé qu'il est une circonstance où les plantes jouissent d'un mouvement de rétrogradation. Ayant vu couper les racines de trois châtaigniers qui entroient du fond de terre de mon voisin dans ma terre nouvellement défrichée & changée en vigne; ces trois châtaigniers, dépourvus de trois grosses

C 4

racines qui s'étendoient vers le midi, s'avancèrent d'un demi-pied vers le nord dans l'eſpace de huit mois ; les racines qui ſe propageoient vers le nord attirèrent vers elles le tronc.

11. Cette obſervation annonce qu'il y a dans les racines un mouvement de progreſſion du centre vers la circonférence, une force extractive qui tire le tronc & qui ne permet pas aux racines d'être flaſques.

12. Il réſide donc dans les plantes un principe, une force active qui détermine les racines à chercher la nourriture ; & s'il eſt permis de dire que le tronc de l'arbre eſt immobile, on ne doit jamais perdre de vue, d'après mon obſervation, qu'il n'eſt immobile que parce que les racines, étendues dans tous les ſens, tirent l'arbre de tous les côtés : or un corps tiré à forces égales d'une infinité de côtés, doit, comme la plante, reſter immobile.

13. Le lierre aſcendant confirme cette vérité d'une autre manière, la

physique de son ascension est toute
simple : la plante est tige, branches
& racines, tout ensemble. Comme tige
& branches elle s'élève, & comme
racine elle s'efforce à se cramponner.
Le lierre est tendu comme une corde
d'instrument de physique ; il offre donc,
dans un autre genre, la force pro-
gressive des racines de la plante qui
cherche sa nourriture.

14. Pourquoi dans les allées la ligne
droite n'est jamais parfaite entre quatre
arbres voisins, quoiqu'ils aient été
plantés dans la même ligne ? C'est
parce qu'on n'a pas eu l'attention de
distribuer également le nombre & la
grosseur des racines, qui ont tiré l'arbre dans un sens plutôt que dans un
autre. Toute l'allée cependant est à-
peu-près dans la même ligne, parce
que dans la comparaison de cent arbres, l'irrégularité de la distribution
des racines a compensé toutes choses
& conservé une ligne droite, composée de cinquante angles presque infiniment petits, & par conséquent peu
sensibles.

CHAPITRE IV.

Anatomie des plantes. Les racines, le tronc, le collet, l'épiderme, l'écorce, l'aubier, le bois, la moëlle, la tige, les branches, le pétiole, les feuilles, les vrilles, les épines, les poils & les glandes.

15. LES racines sont une division, un épanouissement du corps de la plante qui s'étend fort loin, ainsi divisée, dans l'intérieur de la terre, pour s'approprier les sucs nécessaires à la vie.

Le point de réunion de toutes les racines où le tronc commence à s'élever & à sortir hors de la terre, s'appelle le *collet*. Le tronc est le véritable corps de la plante, les branches & les racines en sont les membres nécessaires aux besoins de tout le corps de la plante.

Le tronc eſt enveloppé au-dehors, comme le corps de l'homme, d'une peau mince, appellée l'*épiderme*; elle eſt très-fine dans les arbres jeunes; mais elle eſt informe, ridée, déchirée dans les vieux arbres.

Au-deſſous de cette *épiderme* ſe trouve *l'écorce* ſpongieuſe; ſes pores ſont de forme longitudinale, & ſervent à la circulation des ſucs nourriciers de la plante.

L'aubier eſt au-deſſous de l'écorce.

Enfin *le bois* eſt au centre de toutes les enveloppes concentriques; il eſt compoſé de parties très-dures, très-ſolides, diviſé par des couches concentriques & criblé de pores longitudinaux; la *moëlle* eſt au centre du bois.

On appelle *tige* la branche du milieu la plus élevée & la plus droite; elle n'eſt qu'un prolongement du *tronc*.

Les branches & le tronc ſe terminent par des feuilles; les arbres réſineux les conſervent pendant l'hiver; les arbres à fluide aqueux les perdent vers la fin de l'automne, mais au retour de la chaleur du printemps elles se renouvellent ; on distingue dans les feuilles le *pétiole*, ou la queue qui contient tous les vaisseaux réunis du corps de la feuille.

La feuille est composée de deux couches parallèles ; la couche extérieure qui affecte toujours de se présenter à la lumière du jour, est plus fine que la couche inférieure, ces deux couches sont composées de fibrilles vasculeuses.

On croit que les feuilles inspirent l'humidité de l'air, & que le fluide pompé, entre dans le corps de la plante pour la nourrir, par la voie de ces tuyaux *descendans* jusqu'aux racines, tandis que d'autres tuyaux *ascendans* portent la nourriture de la plante dans les branches supérieures depuis les racines jusqu'aux extrêmités des branches ; il faut consulter M. Bonnet, qui a fait de si belles expériences sur cette partie des arbres.

Plusieurs arbustes, & plusieurs plantes qui ont un tronc élastique & peu de consistance, cédant à l'action des vents, ont été pourvus *de vrilles*. La

vrille eſt un filament qui ſe roule en
ſpirale ſur un point fixe ; par ce moyen
la vigne s'élève au-deſſus des arbres
lorſqu'on ne la taille pas , & le lierre
monte juſqu'au ſommet des tours par
des *vrilles* , qui ſont comme des eſpèces
de griffes qui ſe cramponnent dans les
ſinuoſités des murailles , en pompant
les ſucs qui ſuintent pendant les pluies.

Les épines des plantes , les poils lai-
neux ou cotoneux , ſont connus de
tout le monde.

Les glandes , dont la découverte
appartient à M. Guettard , ſont les
organes des ſecrétions , comme elles le
ſont dans le corps des animaux.

CHAPITRE V.

Anatomie des parties de la génération
des plantes ; le piftil & les étamines ;
le calice ou la fleur ; matrice des femel-
les ; parties & femence du mâle ; fleurs
hermaphrodites. De la caftration ; de la
virginité & de la défloration des fleurs
hermaphrodites. Defcription de l'acte
de la génération des plantes ; efpèce
de fenfibilité pendant cet acte ; mé-
chanifme de cette fenfibilité maté-
rielle ; elle donne la mort à plufieurs
plantes. De l'impuiffance dans l'ordre
végétal, & des forces de reproduc-
tion. Des monftres ; propagation de
l'efpèce, par graines, par bourgeons,
par la greffe, &c.

16. CE que les plantes offrent de
plus magnifique à la vue de l'homme,
& de plus fenfuel à l'odorat, eft
précifément cette partie qui décèle les

organes de la reproduction des plantes.

Du milieu de la fleur s'élève une petite colonne appellée *piſtil* très-ſenſible dans la fleur-de-lys. A côté de cette colonne intermédiaire, paroiſſent d'autres petites colonnes, en forme de petites aiguilles droites, qui ont à leur pointe ſupérieure un corps poudreux, qu'on appelle *les étamines* des fleurs.

17. Ces étamines & le piſtil ſont entourés du calice qui conſiſte en une ſeule pièce comme dans le campanule, ou en pluſieurs pièces & feuilles ſéparées, comme dans l'œillet, le lys.

18. Le piſtil renferme dans ſon corps caverneux les embryons des ſemences qui y ſont rangées ſymmétriquement.

Lorſque les étamines ſont parvenues à un degré de maturité, elles crevent; la poudre jaune s'élance dans le corps caverneux du piſtil, & féconde les embryons.

De ſorte que le piſtil, qui eſt au centre de la fleur, eſt la matrice des ſemences où la partie femelle, & les étamines la partie mâle de l'individu, ou la femence fécondante.

Il y a des fleurs qui n'ont qu'un piftil fans étamines, on les appelle *fleurs femelles*; Il y en a d'autres qui ont des étamines feulement fans piftil, on les appelle *fleurs mâles*.

Celles qui ont les deux fexes, fe nomment fleurs hermaphrodites.

Il eft fi vrai que les étamines contiennent la femence fécondante des embryons, que fi dans une fleur quelconque hermaphrodite, on coupe les étamines avant leur maturité, les graines ne feront jamais prolifiques; j'ai fait plus de vingt fois cette expérience dans diverfes fleurs.

Les vents font le véhicule de la femence des fleurs mâles; la pouffière fécondante des étamines portée ainfi vers la fleur femelle, de la même efpèce de plante, vient donner la vie à fes germes; c'eft cette femence mâle, cette pouffière, ordinairement jaune, qui fournit aux abeilles la cire dont ces infectes bâtiffent leur loge; de forte que les fleurs qu'une abeille attaque

perdent

perdent ordinairement leur fécondité
par l'extraction de la femence mâle, qui
devient la nourriture de l'animal.

L'état de virginité ou de défloration
dans une fleur hermaphrodite s'apperçoit aifément par des yeux exercés fur
cette partie de la fcience des plantes;
une fleur-de-lys qui eft toujours hermaphrodite, eft dans l'état de virginité,
lorfque la femence jaune n'a pas été
encore jetée par les étamines qui
entourent le piftil intermédiaire ; la
fleur pendant ce temps-là eft d'un très-
beau blanc, & dans toute fa fraîcheur;
mais après l'acte de la génération, la
femence jaune élancée de tous côtés,
donne une couleur jaunâtre & déplai-
fante à toute la fleur : peu-à-peu elle
fe ternit, elle fe fane; fes beautés s'éva-
nouiffent, & la plante ne travaille
plus à embellir la fleur, mais à nourrir
les femences fécondées. La fleur de
coquelicot, avant la fécondation, eft
d'un beau rouge éclatant ; après la
fécondation, l'intérieur de la fleur eft
fale & poudreux.

Végét. Tom. I.   D

Si on examine la fleur pendant l'acte de la génération, on seroit tenté de croire qu'elle n'est pas insensible au plaisir, & que le Créateur a étendu ce sentiment dans toutes les espèces d'êtres organisés ; les parties sexuelles des plantes sont alors en mouvement, une sorte d'électricité les anime.

M. de Jussieu a délayé la semence des fleurs mâles dans l'eau, & l'a exposée au microscope. Les grains des étamines se sont ouverts, & ont répandu une liqueur grasse qui ne s'est point mêlée avec l'eau, mais qui a surnagé. Enfin M. Adanson croit que la semence mâle descend au placenta de la partie femelle ou du pistil, passé aux cordons ombilicaux, & donne la vie à la graine en la fécondant.

19. Tels sont les phénomènes de la génération des plantes qui semblent n'exister que pour se reproduire & multiplier ; si elles paroissent occupées de cet acte, si elles cherchent si avidement la nourriture, en projetant leurs racines vers le lieu le mieux fumé où

elle furabonde ; fi elles s'élèvent vers la lumière qu'elles paroiffent fuivre dans l'accroiffement de leurs branches, tous ces effets font purement méchaniques : l'imagination & l'efprit de fyftême peuvent peut-être établir des fpéculations fur ces faits, mais nous croyons que les vérités que nous connoiffons fur les plantes, ne nous permettent pas encore d'élever ce règne de la nature au-deffus de fon rang, ni de lui attribuer autre chofe qu'une fenfibilité purement méchanique & paffive, qui le place entre les minéraux & les animaux.

20. L'acte de la génération n'eft point une opération indifférente à plufieurs plantes ; femblables à quelques infectes, cette fonction donne la mort à plufieurs ; une infinité d'herbes, telles que le coquelicot, dépériffent, defsèchent lorfque le vœu de la nature eft accompli ; auparavant la plante fembloit n'exifter que pour préparer la matière fécondée ou à féconder ; mais lorfque ce travail eft fini, la circulation des fucs

diminue peu-à-peu, la plante semble perdre ses forces actives; tout est mort pour elle, les branches & le tronc deviennent ligneux, coriaces & inflexibles; il ne reste dans l'être organisé qu'une force de succion qui réside dans la semence fécondée; cette graine, l'espérance du cultivateur, mûrit encore en aspirant les derniers sucs de la plante morte & déjà ligneuse.

21. D'autres plantes plus vigoureuses, répètent souvent l'acte de la génération sans s'épuiser. Le chêne vit plusieurs siècles, dit-on, & il répète tous les ans un million de fois l'acte de la génération.

Semblables aux hommes & aux animaux, plusieurs plantes, vers le déclin de leur âge, deviennent impuissantes; mais toutes, quand elles ont de la vigueur, semblent n'exister que pour engendrer & produire.

Coupez les fleurs d'une plante avant l'épanouissement, sa branche poussera deux bourgeons latéraux; coupez ces deux bourgeons, elle en produira

quatre ; coupez ceux-ci, huit paroîtront
de nouveau. Ce phénomène s'obferve
aifément dans le bafilic & la giroflée,
qu'on appelle violier double dans nos
provinces ; ces plantes, & une infinité
d'autres, femblent s'irriter de ces fec-
tions qui ne font que retarder l'acte de
la génération, fans rebuter la plante.

22. Comme les animaux, les plantes
font fujettes aux monftruofités ; on a
vu la chaleur immodérée des ferres
donner une groffeur & une forme
extraordinaires à plufieurs plantes du
genre des rampantes ; la fréquente
tranfplantation, la piquure des infectes, &c. occafionnent auffi ces phénomènes.

23. Les plantes propagent leur efpèce, par graines, ou par bourgeons :
ou par branches ou boutures, comme
la vigne, le figuier, &c : ou par la greffe,
comme dans les arbres fruitiers en gref-
fant un poirier d'une bonne efpèce fur
un fauvageon. On connoît ces différentes méthodes des greffes.

CHAPITRE VI.

Histoire naturelle de la plante. De la durée de la vie des plantes ; leur force spontanée pour chercher la nourriture, par le moyen des racines, & la lumière, par leurs branches. Leur nutrition ; matière de la nutrition. De l'accroissement de leurs parties.

24 SI l'on considère les plantes selon leur hauteur, le microscope en decouvre d'infiniment petites, & la vue simple nous en offre d'un dixième de ligne de hauteur ; tandis que le superbe sapin s'élève verticalement jusqu'à la hauteur de cent pieds.

25. La forme des plantes est susceptible aussi d'une infinité de variétés. Voyez la figure pyramidale des pins, des sapins, des cyprès, la posture rampante des plantes qui nous donnent les courges & les melons, les fa-

milles de lierre qui grimpent fur le faîte d'une tour, & le fyftême fingulier de toutes les efpèces de champignons.

26. La durée de leur vie eft encore digne de remarque. Les champignons, malgré la fimplicité de leur organifation ne végètent que peu de jours : d'autres plantes jouiffent de la chaleur folaire, & ne peuvent réfifter aux froids de l'hiver ; fous la ligne, le climat ayant toujours la même température, les plantes y vivent longtemps. On connoît enfin des orangers plantés fous François I : & plufieurs allées qui font âgées de plus de cent ans, offrent à Paris une fuite d'arbres qui paroiffent encore jeunes.

En général, les arbres des pays chauds vivent de longues années : ceux du nord vivent auffi long temps, lorfque leur fuc réfineux peut les garantir de la gelée, tels les fapins, &c. car l'alternative des faifons extrêmes femble être la caufe de la courte durée des arbres.

D 4

27. Les plantes font des corps organifés, elles ont des vaiffeaux pour
recevoir leur nourriture, pour la di-
gérer, pour en faire la matière de
la nutrition.

28. Les plantes ont une force fpontanée, parce qu'elles cherchent leur
nourriture par un mouvement qui leur
eft propre, intrinsèque, & inhérent
à leur conftitution; ainfi le lierre
grimpe de tous côtés pour trouver
fa nourriture, & acquérir la folidité néceffaire à fa fubfiftance. Les
plantes diffèrent des animaux qui ont
un mouvement plus actif de tranflation
de tout leur corps. La plante au contraire ne jouit de ce mouvement,
que dans fes parties : le tronc étant
immobile, folide, & ne changeant de
place que par accident, comme lorfque la moitié des racines eft coupée, car
la plante s'avance alors un peu vers les
lieux occupés par les racines qui reftent.

29. La plupart des infectes vivent
fans jouir de la lumière, les mites
du cœur d'un fromage, & une infi-

nité d'autres qui viennent d'un œuf,
peuvent se paffer de la lumière : la
plante au contraire la cherche par-tout,
elle s'alonge dans les bois touffus pour
la trouver ; elle avance fes branches
vers un lieu vuide pour jouir de l'afpect
du jour, les menues branches inférieures, & les feuilles qui n'ont pas cet
avantage dépériffent, lorfque les hauteurs déjà occupées, interceptent le
paffage de la lumière. Enfin les plantes
n'ont point leur couleur naturelle,
fans cette influence de l'aftre du jour,
elles s'étiolent, & elles périffent,
lorfqu'elle leur eft long-temps refufée.

30. Cette propenfion, dont on ne connoît pas encore les caufes, paroît fur-
tout dans les plantes éliotropes. L'aftre
du jour femble leur donner la vie. Elles
lui préfentent leurs fleurs, elles fuivent fa marche, mais dans ce fens
toutes les fleurs font un peu éliotropes,
car toutes affectent plus ou moins de
voir le grand jour.

31. Les plantes reçoivent & préparent leur nourriture delayée dans

l'eau. Mais les Botaniſtes ſont partagés encore ſur l'origine de la matière à laquelle eſt dû leur développement: ce qui eſt inconteſtable parmi eux, c'eſt la néceſſité du feu, de l'air & de l'eau. Ces trois élémens ſont les trois grands agens de la reproduction végétale.

La plante ſe fixe dans un lieu propre pour la nourrir. Là, en état de repos, elle reçoit les influences de ces trois élémens.

32. Mais diverſes expériences ſemblent montrer d'abord que la terre où elle vit, & ſes ſels, ne ſont point néceſſaires à ſa nutrition : dans ce ſyſtême, ces chênes majeſtueux & étonnans par la quantité de leurs bois, ne ſont qu'un agrégat d'eau & d'air réunis enſemble par les forces de la végétation, inconnues aux Naturaliſtes : dans ce ſyſtême encore, les prés, les jardins, les forêts ne ſont que des terres imprégnées d'humide, qui ne ſont que le point d'appui de la plante

qui n'est elle-même qu'une eau dé-
guisée, fixe & solidifiée.

Ceux qui suivent ce système, ne
manquent pas de conclure que la végétation a la force de changer en bois,
en fruits, en fleurs & en feuilles, l'air
& l'eau. Ils pensent que les deux élémens sont combinés d'une manière
particulière, que la terre n'entre pour
rien dans la composition des végétaux,
& que les sels ne sauroient fournir
cette matière vive qui pénètre la plante,
la développe, l'étend en tous sens &
en forme ces chênes sublimes qui nous
font lever la tête, & ces humbles plantes qu'on foule aux pieds.

Cette théorie surprenante est confirmée par des expériences qui paroif-
sent décisives. On a semé des graines
de toutes sortes de plantes dans des épon-
ges, des lambeaux d'habits & dans
l'eau pure : les plantes aquatiques,
telles que le saule, &c., des noyaux
de pêchers, des amandes &c., ont
été plongés dans l'eau ; & à travers ces eaux toujours limpides, on

a vu fortir de jeunes plantes verdoyantes qui paroiffoient avoir été nourries dans une bonne terre. Enfin toutes les plantes à oignons , fixées dans des vafes à petit goulot , & imprégnées d'eau , végètent , fleuriffent merveilleufement fur nos cheminées, & ne paroiffent tirer d'autre nourriture qu'un peu d'humide chaque jour.

33. Pour faire difparoître totalement l'action des fels de la terre, on a même enfemencé diverfes graines avec de la limaille de fer, avec des fels, du nître , des cendres, de la farine, &c. & malgré ces foins , la plante impuiffante n'a pu fe développer.

Enfin M. de Fougeroux , Commiffaire nommé par l'Académie des Sciences de Paris , à qui j'ai communiqué ce tome premier de mes obfervations fur les plantes , le premier de Mai 1779 , a placé la note fuivante fur mes cahiers : « M. Duhamel a élevé dans l'eau pure , » pendant 10 à 12 ans , un chêne dont il » avoit fait germer le gland dans une » éponge ; l'analyfe de ce chêne a été

» la même que l'analyse d'un chêne
» des forêts ».

34. Pour nous, inftruits que le bois
brûlé pour notre ufage, contient d'élément terreftre, parce que les cendres
le démontrent, & des fels & des huiles,
parce que les décoctions des plantes,
qu'on fait évaporer, laiffent divers
fucs vifqueux, &c. &c. nous croyons
que les racines font paffer jufqu'aux
branches & jufqu'aux feuilles des huiles
de diverfe nature, des fels & des parties
élémentaires terreftres, l'épuifement
des terres & du fumier en font la
preuve.

Et ne voit-on pas dans beaucoup
de terreins que la groffeur & la fertilité
de ces plantes dépendent du plus ou du
moins de fumier? Et ce fumier n'eft-il
pas un amas des fels & des huiles provenus d'autres végétaux détruits, ou des
corps des animaux, qu'on prépare à la
plante à laquelle on veut donner l'em-
bonpoint? Ne fait-on pas que le feul
corps d'un homme, ou d'un animal,
qui pourrit dans le voifinage d'un

arbre, lui donne une vigueur fingulière?
Les racines de cet arbre ne s'étendent-
elles pas, de préférence, de ce côté, où
elles acquièrent encore plus de groffeur : ou plutôt, la plus grande abondance des fucs ne détermine-t-elle
pas les racines de ce côté à fucer ces
huiles qui font étendre cette partie de
l'arbre?

On m'oppofera ici les oignons des
fleurs qui pouffent & fleuriffent en ne
trempant que dans l'eau pure ; mais on
doit faire attention que ces oignons
renferment déjà dans eux-mêmes tous
les fels & les huiles néceffaires à l'agran-
diffement des feuilles & à la reproduction de l'efpèce : un oignon eft, à pro-
prement parler, une plante des plus
parfaites, puifqu'il n'a pas même befoin
quelquefois du fecours de l'eau pour
produire des feuilles ; nos oignons du
Vivarais pouffent avec une telle force,
vers le commencement du printemps,
qu'on voit le bourgeon fe plier en demi-
cercle, lorfque l'oignon eft renverfé,
pour chercher la lumière & l'efpace ;

nos châtaignes mêmes, si elles font
dans un lieu où elles ne se defsèchent
point, produifent au-dehors un petit
bourgeon qui contient en petit tout le
châtaignier, qu'on diftingue, à l'aide
du microfcope, & ainfi des autres femences de même nature, fans parler
de la pomme de terre, &c. &c.

D'ailleurs n'eft-il pas bien certain
que le terrein volcanifé produit les plus
beaux arbres & les meilleurs fruits ; que
le terrein calcaire donne des plantes
plus grandes ; que le terrein granitique
nourrit des arbres qui dépériffent & fe
rabougriffent lorfqu'on les néglige,
lorfqu'on ne leur accorde pas une très-
grande quantité de fumier ? Or ces
territoires divers ne produifent pas ces
phénomènes par leur plus grande, ou
par leur moindre quantité d'élément
d'eau, puifque le territoire volcanifé
eft toujours le plus fec ; mais ils
diffèrent plutôt par la qualité, par la
plus grande ou la moindre quantité de
fels ; donc les fels entrent pour quelque
chofe dans l'ouvrage de la nutrition :

voici la diftribution de la matière nutritive, & les loix de fon extenfion, felon M. Duhamel.

37. 1°. Les branches & les racines d'un arbre font réciproquement en proportion.

2°. La sève pompée par une racine, fe porte principalement dans les branches du même côté.

3°. Plus la sève s'éloigne du centre de l'arbre, plus elle eft active à caufe de la foible texture des extrêmités ; de là, la grande *extenfibilité* & le développement fi facile des extrêmités & des tiges des branches.

4°. Plus il y a de feuilles, plus le mouvement de la sève eft vigoureux.

5°. Plus les couches ligneufes font dures, & moins les branches s'étendent.

CHAPITRE

CHAPITRE VII.

De la maladie, de la mort des Végétaux & de leurs causes.

38. LES végétaux abondans en sucs, soumis à la transpiration & à la circulation, font exposés, comme les animaux, à diverses maladies & à la mort ; la plupart même perdent leur activité vers l'approche de l'hiver, & terminent leur carrière par une mort irrévocable ; quelques-uns ne perdent que leurs feuilles : alors toute circulation cesse, & ils font dans une forte de torpeur ; d'autres enfin, victorieux des neiges & des frimats, perpétuent leur existence pendant des siècles : mais comme ils font dans la classe des corps organisés, ils dépériffent enfin, & rentrent dans le chaos des êtres vivans que le temps réduit en pouffière & en pourriture.

Végét. Tom. I.   E

Ceux-ci font fujets à des maladies
femblables à celles des animaux ; ces
maux deviennent même fouvent con-
tagieux. En 1765, j'ai vu, à Uniezac,
des mûriers, difpofés en allée, périr les
uns après les autres, de manière qu'on
n'a pu planter de mûriers dans le même
terrein dix ans après, ce qui prouve-
roit, ce femble, qu'il y a des fucs
peftilentiels dans ces territoires, qui
pénètrent les arbres & leurs branches,
& leur donnent d'abord cette couleur
jaunâtre qui précède leur mort.

D'autres arbres font rongés par des
fucs cautéreux qu'on voit fuinter d'une
manière fordide tout le long de l'arbre,
& pourrir tout ce qu'ils touchent : ce
qui provient de l'altération des fluides
de ces arbres ; alors le bois s'altère,
& s'il fe fait quelque ouverture de
laquelle cette pourriture puiffe fortir,
il fe régénère une forte de bois vers
l'écorce, &, malgré ce défaut de bois,
on voit fouvent l'arbre furvivre plus de
cinquante ans.

39. La tranfpiration arrêtée produit

dans les plantes ce qu'on appelle la *cloque*; le froid & le chaud subitement répétés font contourner & *recoquiller* les feuilles : voilà pour quoi les plantes, qui transpirent le plus, périssent aisément par le froid, tandis que les plantes résineuses, les sapins, les cyprès, les oliviers, qui ne transpirent qu'une forte de glu & d'huile, se conservent avec leurs feuillages.

40. La mort enfin dans la plante, n'est que la prostration totale des forces actives qui portent les sucs dans toutes ses parties ; la plante meurt alors de vétusté, les sucs ne sont plus poussés dans les vaisseaux, & la plante, perdant toujours par la transpiration sans rien acquérir à cause de l'épuisement des forces d'ascension des sucs nourriciers, se sèche & pourrit pour rentrer dans le chaos des êtres organisés détruits par la mort ; tandis que de jeunes plantes, s'élevant sur ces débris, perpétuent la jeunesse de la nature & laissent dépérir l'individu pour nous conserver l'espèce.

E 2

CHAPITRE VIII.

De l'ame des plantes ; sensibilité passive & méchanique dans les plantes ; les racines de la plante se propagent vers le lieu où est la nourriture la plus abondante ; chêne avec peu de racines, cramponné sur une roche pour obtenir la solidité ; observations sur cette attache ; observations ultérieures faites à Malesherbes.

41. L'AME des plantes n'est point une substance spirituelle comme l'ame humaine, qui préside aux opérations de l'homme : elle n'est point cet instinct, si souvent énergique, ingénieux, ou plaisant & imitatif qu'on observe dans les animaux, mais une sorte de sensibilité passive & purement méchanique qui affecte les plantes.

En sorte que si l'esprit domine l'être de l'homme, & si l'instinct goûverne les animaux , les plantes qui font auffi dans la claffe des êtres organifés , font régies par cette fenfibilité méchanique.

42. J'ai vu , étant fort jeune , des arbres croître dans les limites d'un fonds de terre qui m'appartient ; on fit défricher la terre ; celle de mon voifin refta inculte ; l'arbre étendit fes racines du côté défriché , elles groffirent , elles fe multiplièrent , & celles qui vivoient du côté défriché reftèrent toujours pauvres : voilà l'effet de la fenfibilité des plantes.

43. J'ai vu dans le bois de Ruoms , un chêne jouiffant au fuprême degré de cette fenfibilité , autant que le végétal peut en jouir : cette forêt eft plantée dans un fol tout formé de roches , & c'eft parmi les fentes de ces maffes qu'on trouve des amas de terre propres à nourrir les arbres. On fait que les plantes & les arbres qui vivent en plain champ envoient leurs racines de tous côtés , comme leurs branches ; la folidité de la plante dé-

pend même de l'exacte diſtribution de
ſes racines , en ſorte que ſi l'arbre
n'en avoit pas du côté du Nord &
de l'Orient , un coup de vent du
Nord-Eſt l'auroit bientôt renverſé.

44. Tels ſont les principes de la
ſolidité locale des plantes. Dépourvues
du mouvement de tranſlation comme
les animaux, créées pour vivre éter-
nellement dans le ſol où elles naiſſent , le Créateur les doua des forces
locales néceſſaires à la réſiſtance qu'elles
doivent oppoſer aux vents & aux injures de l'athmoſphère.

Mais dans le bois dont je parle ,
il s'eſt trouvé pluſieurs chênes qui
n'ont pu avoir des racines de tous
côtés , parce qu'ils ont été plantés
dans des creux longitudinaux des roches ; & j'ai vu que lorſque la plante
ne pouvoit jouir de la ſolidité par
ſes racines envoyées d'une manière
divergente , le tronc ſuppléoit lui-
même au défaut ; il ſe cramponnoit ſur
la roche d'un côté, & il tiroit de l'autre
ſa nourriture , en renvoyant tout le

long de la fente de la roche fes racines.

45. Cette attache, latérale à la roche,
témoigne que les plantes ont une force
active, différente de la force de fenfibilité qui leur fait prendre la nourriture
néceffaire. Le tronc du chêne, embraf-
fant ainfi fa roche fondamentale dont
il ne pouvoit retirer aucun fuc, montre
que les plantes veillent perpétuellement, non feulement à s'approprier
leur nourriture néceffaire & journa-
lière, mais encore à jouir de la folidité
qui contribue au maintien de leur exif-
tence ; or tout cela eft méchanique
dans cette efpèce d'êtres organifés, &
nous ne connoiffons encore aucun
fait qui nous porte à croire que les
plantes aient du fentiment à l'inftar
même des animaux, quand même toutes
les plantes feroient des fenfitives.

46. Dans le même bois, j'ai vu les
pluies entraîner la terre fituée entre les
roches. Le tronc fe trouva appuyé fur
la roche, & les racines furent en l'air,
ayant été, ci-devant, fous la terre.

L'année fuivante, les racines fe trouvèrent avec une écorce, femblable à celle
du tronc ; le tronc fe cramponna fur la
roche , il forma des bourlets autour,
& l'entoura comme une calotte ; les
racines changées en tronc continuèrent
à nourrir la plante , & formèrent des
racines inférieures.

On voit, dans cet arbre, la folidité
féparée des racines qui la donnent ordinairement à la plante, en lui donnant la
nourriture ; ici l'organe de la nourriture
eft différent du principe de la folidité.

47. M. de Malesherbes , ce refpecta-
ble philofophe, qui vit avec lui-même ,
avec la nature, & parmi des hommes
fimples & agreftes dont il eft eft le père,
après avoir travaillé avec beaucoup de
gloire pour le Roi & la Nation , m'a
fait obferver dans fa terre un phénomène femblable. On connoît le faule,
arbre aquatique , dont on coupe les
branches pour fervir de liens dans les
befoins divers des pauvres gens de la
campagne qui n'ont pas de cordes ; à
force de couper les branches , les

ſtigmates multipliés élargiſſent le haut
du tronc où ſe fait la diviſion des branches, la pouſſière & les feuilles pour-
ries & accumulées communiquent la
pourriture au tronc de l'arbre, il devient
creux; or c'eſt dans ce creux que le
haſard a jeté des graines d'un arbre ſe-
condaire qui a grandi dans l'arbre ſa
matrice. L'arbre premier a perdu une
partie de ſon tronc, l'arbre ſecond y
avoit ſes racines; & ayant perdu lui-
même cette ſorte de caiſſe qui les
retenoit, il en a foulé ſes racines dans
la terre; les parties qui étoient reſtées
au-dehors ont pris l'écorce des troncs,
& le centre de ſolidité étoit établi en
1782, le mois d'Avril, ſur le haut du
tronc de l'arbre premier. Il ſeroit
curieux d'obſerver, en enlevant ce
tronc, quel parti prendroit l'arbre
ſans point d'appui. Pour le conſerver,
il faudroit l'attacher à une poutre qui
le ſoutiendroit; alors on verroit un
arbre ſans ſolidité, nourri par quelques
racines, ſoutenu par cinq ou ſix racines élevées verticalement avec une

écorce de tronc, ayant un tronc supérieur, & ensuite les branches. Je pré-
vois que l'arbre acquerroit sa solidité,
en laissant aux racines devenues tronc,
une plus grande partie de sa nourriture;
car je montrerai dans la suite l'équilibre
des proportions, & la distribution égale
de la nourriture dans les plantes de
l'arbre.

48. Dans tous ces phénomènes on
doit reconnoître, dans la plante, une
sensibilité véritable, une force active
qui projette ses parties vers les lieux où
elles trouveront, non seulement une
nourriture convenable, mais encore la
solidité, premier principe de l'existence
de la plante. On observe même un
choix de nourriture à nourriture; car
le châtaignier qui étend ses racines vers
le sol nouvellement défriché, & qui
néglige le terrein inculte, annonce
dans la plante, non un choix spirituel
& médité, semblable au choix volontaire des hommes, mais une sensibilité
physique & méchanique qui détermine
la plante à ouvrir ses tuyaux à la

nourriture furabondante ; voilà la folution d'un grand problême , qui tient
aux phénomènes de l'intus-fufception
liquide dont nous traitons amplement
dans notre difcours fur les animaux.

49. Or l'ame des plantes n'eft pas ,
comme dans l'homme , un être fimple
& fpirituel qui commande , & à
laquelle toutes les parties , toutes les
branches de nerfs obéiffent ; l'ame des
plantes entièrement matérielle , eft
divifible comme l'arbre lui - même ;
toutes fes parties pofsèdent la force
active vivifiante. Une branche coupée
peut devenir un arbre , une partie
devient un tout , & l'ame fe divife
dans les plantes , comme le corps qu'on
coupe à petits morceaux.

50. On voit donc que fi dans l'ordre minéral , une force univerfelle
dompte & régit les individus de ce
règne de la nature ; fi la pierre ou
le foffile font dans un état purement
paffif ; dans la plante il règne au contraire une force active, intrinsèque &
motrice, une caufe des phénomènes des
plantes qui organife le végétal.

CHAPITRE IX.

Principes chymiques des plantes ; baumes, favons, huiles, lait, &c. produits dans la plante ; variété des propriétés médicales. Putréfaction & fermentation dans les êtres organifés, cryftallifation dans les minéraux ; des huiles inflammables végétales.

51. A LA vue fimple, les plantes nous offrent divers fucs qu'on peut exprimer fans le fecours de la chymie ; les unes donnent des baumes tels que les piftachiers, les pins ; d'autres donnent dela poix ou de la réfine, comme les pins, les fapins ; plufieurs des eaux favoneufes, comme le fruit du marron d'Inde, &c. d'autres des huiles, comme le pavot, le fruit de l'olivier, du noyer, &c. Il eft des plantes qui donnent du lait, d'autres de l'écume, plufieurs une eau inodore.

52. Le goût de l'eau qui circule dans les plantes eft amer, ou fucré, ou doux, ou vifqueux, ou gras, ou acerbe, ou âcre, ou alkali, ou aigre, &c.

53. Les plantes agiffent différemment fur nos organes intérieurs, il en eft de froides qui tempèrent la propenfion de nos humeurs à la chaleur, de cordiales qui raniment la circulation du fang, de ftomachiques qui aiguillonent la fibre inactive de l'eftomac, des irritantes qui ftimulent le vifcère affoibli, des toniques qui remédient au relâchement, des aphrodifiaques qui augmentent l'appétit du plaifir du fixième fens, & en chatouillent les organes ; les anti-aphrodifiaques qui tempèrent les defirs de ce plaifir, des vulnéraires qui réparent les futures des plaies ; des déterfives qui purifient le fang, des narcotiques qui fufpendent l'action du fyftême nerveux, & incitent au fommeil ; des relâchantes qui donnent à la fibre le ton naturel, des fébrifuges qui éloignent la fièvre, des fudorifiques qui relâchent le tiffu de la peau, des inci-

fives qui défobftruent les petits canaux
bouchés, des purgatifs & des vomitifs
qui irritent les organes de la digeftion,
& rejettent tout ce qui y adhère,
&c. &c.

54. La décoction fuffit pour extraire
des plantes ces principes divers qui les
diftinguent dans leurs qualités relativement à nous; mais la décompofition
chymique nous expofe les principes qui
conftituent leur être. On trouve dans la
décompofition de tous les êtres organifés une fubftance huileufe, inflam-
mable; mais cette matière huileufe,
dit un ingénieux Chymifte de *ce* fiècle, M. Macquer, n'exifte que dans
les *principes prochains* des êtres organifés; car la putréfaction confommée,
par exemple, & même des analyfes
ultérieures par la voie du feu détrui-
fent & décompofent aifément cette
huile tranfitoire, en forte que les réful-
tats de la deftruction chymique ne
donnent plus qu'un élément purement
minéral & matériel qui nous repré-
fente les matériaux primitifs de la

plante , & attefte que le règne minéral
femble être la bafe de tout ce qui végète fur la terre.

55. Ces obfervations nous conduifent
naturellement à confidérer les principes de la putréfaction réfidans dans les
êtres organifés feulement : dans le
monde minéral , ce phénomène ne peut
avoir lieu ; tout annonce , dans ce règne,
le repos abfolu de tous les principes
conftitutifs. Si quelque mouvement
s'opère dans les molécules , il fe fait à
l'aide d'un fluide quelconque qui les
tient en diffolution , & quand ce fluide
s'eft féparé, la cryftallifation ne peut
avoir lieu. Dans les cryftallifations
moins parfaites dans la réunion , par
exemple , des matières hétérogènes qui
forment un poudingue , le mouvement
intérieur des corpufcules , néceffaire à
la réunion des chofes féparées , fe fait
encore par l'addition juxtapofée & fuc-
ceffive d'un corpufcule fur un autre.
Dans tous ces phénomènes , l'addition,
la fimple juxtapofition & l'adhèrence
d'une partie à une autre fimilaire , font

les caufes & les principes de la nouvelle
fubftance.

56. Mais dans les deftructions des êtres
organifés, on reconnoît d'autres mouve-
mens fpontanés intérieurs, bien plus admirables. Une forte de feu caché femble
féparer tous les principes différens qui
entrent dans leur compofition, & on
voit fucceffivement, felon le degré
réciproque de volatilité, des principes
alkalins & acides fe dégager des matières
qui font dans un état de fermentation.

Or il paroît que c'eft à l'huile qui
entre avec abondance dans le principe
conftitutif des corps organifés, qu'on
doit attribuer l'inflammation intérieure,
fpontanée, active, & aidée par les te-
nans d'air athmofphérique. Cette huile
eft éminemment active & volatile;
c'eft à fa nature qu'on doit l'inflammabilité des végétaux & des animaux
refufée au règne minéral, à moins qu'ils
n'aient été mélangés avec les débris
des êtres organifés, comme la tourbe,
ou le charbon de terre, &c. qui parti-
cipent & du minéral, & du végétal.

CHAPITRE

CHAPITRE X.

De la décomposition ancienne des végétaux considérée en grand sur la surface de la terre, & du produit de cette décomposition ; origine de la houille & autres bitumes ; la houille est une décomposition de plantes. Etat vigoureux de la végétation dans les âges primitifs du monde. Les régions, non habitées par les hommes, abondent en végétaux. Dépérissement des végétaux dans la vieillesse des nations perdues par le luxe, & repos de la nature dans la composition des bitumes. Cabinet de M. Morand ; variété des gangues des houilles. Houilles observées par M. Franklin, sous le niveau de la mer. Tourbes.

57. LES végétaux vivent sur la surface de la terre depuis si long-temps, qu'il n'est pas étonnant qu'ils aient dé-

Végét. Tom. I. F

pofé de toutes parts leur détriment;
car rien n'eft détruit ni anéanti fur
la terre. La vétufté, il eft vrai, les a
altérés par un mêlange ultérieur avec
quantité d'autres matières. De là les
dépôts des bitumes, les fources de
l'huile de pétrole, & toutes les fortes
de matières inflammables recueillies
dans le fein de la terre.

58. M. Macquer, qui a tant réformé
d'idées chimériques dans la chymie,
& expofé ce que cette fcience nous
offre de pofitif & de réel, c'eft-à-dire
tout ce qui eft digne de nos remarques, a propofé le premier en France
cette grande idée, que les matières
combuftibles & oléagineufes font un
dépôt de végétaux & d'animaux dé-
compofés. Cette idée qui a été revêtue encore de plufieurs degrés
de probabilité dans les ouvrages de
M. Baumé, n'a point femblé naturelle à
plufieurs Phyficiens. La vue de la terre,
aujourd'hui toute nue, malgré le grand
nombre de plantes cultivées par la
main de l'homme, n'a point paru en-

core affez peuplée de végétaux, pour opérer cet effet.

59. Mais fi l'on veut confidérer que la terre autrefois toute brute nourrif-foit un grand nombre de plantes; fi l'on veut jeter les yeux fur les forêts des montagnès défertes, inacceffibles, ou intactes, on jugera, à l'afpect de cette prodigieufe végétation, que les débris du règne des plantes, dans le monde primitif, ont dû être dépofés dans le fein de la terre. L'homme ne labouroit point la terre, il ne raviffoit pas à la végétation, ni fur-tout aux arbres majeurs, le terrein qu'il deftine à fa nourriture; les grands arbres occu-poient les lieux incultés que la nature avoit préparés, comme les grands ani-maux occupent les fombrès forêts ou les déferts profonds, éloignant toutes des races plus foibles qui fe font refu-giées parmi les hommes.

Or, dans ce temps-là, l'athmo-fphère étoit plus chaude qu'aujourd'hui: un plus grand nombre de plantes pou-voit vivre dans notre climat, & les

F 2

foſſiles de ce règne, que nous trouvons à préſent ſur le ſommet preſque glacé de nos montagnes, nous annoncent non ſeulement une végétation plus vigoureuſe, mais des eſpèces de plantes d'un climat plus chaud que notre athmoſphère actuelle ne peut nourrir, & qui ne ſe trouvent plus que dans les terres d'Eſpagne ou dans nos Provinces méridionales.

60. C'eſt à cette végétation vigoureuſe, c'eſt à nos antiques forêts, c'eſt au détriment des êtres organiſés de toute ſorte, que nous devons donc les amas de matières combuſtibles que recèle la terre, & ce ſont les vrais monumens de l'état antique du monde végétal.

Aujourd'hui la terre ne reçoit plus une auſſi grande quantité de ces débris dans ſon ſein : l'homme deſtructeur a coupé preſque toutes les forêts plantées par la nature même, & il trouve à peine aujourd'hui aſſez de matières combuſtibles pour ſubvenir à ſes beſoins.

En effet, comme tous les peuples nouveaux ont tous lutté contre des amas immenfes de plantes ou nuifibles ou fauvages; comme toutes les nations ont toujours eu dans leur enfance des forêts fombres & lointaines à couper, pour y établir une végétation falutaire, dans tous les temps auffi elles ont été obligées, vers leur déclin, (pour fubvenir à leur befoin preffant des matières combuftibles) de recourir aux nations dont le luxe a été moins deftructeur, ou de creufer la terre pour en extraire les bitumes: ainfi, depuis que l'efpèce humaine a fleuri en Europe, & que la population y a été nombreufe, la nature n'a pu préparer les amas combuftibles dans le fein de la terre ; nos vaftes forêts ont été détruites ; la nature, pour fuppléer à nos befoins, ne peut qu'ouvrir aujourd'hui les flancs des montagnes, qui fembloient nous conferver les dépôts des matières inflammables qu'elle ne forme plus aujourd'hui.

61. Le fuccin, le bétiole, les bi-

tumes, les houilles, le jayet, l'ambre, les tourbes, &c. font donc un débris encore combuftible de cette ancienne végétation, dépofé fur la furface de la terre, reçu dans la terre végétale, manié par les eaux, mêlangé avec les minéraux & les terres les plus divifées. Les dépôts ont donc fubi diverfes altérations fubféquentes : à Saint-Jean de Valerifque, ils ont été placés felon la difpofition inclinée du fol ; des atterriffemens fucceffifs font venus enfouir plufieurs fois cet ouvrage, en forte que les terres accumulées & entraînées des montagnes fupérieures ont long-temps célé ces travaux & ces décombres des êtres organifés ; ces mêmes terres les ont enfuite confervées jufqu'à nous ; elles feroient même encore cachées pour toujours aux regards de l'homme, fi l'action des eaux courantes qui rongent toutes chofes, n'avoit coupé le fol tout compofé de couches fuperpofées, & féparé la maffe totale par une vallée qui offre, à droite & à gauche,

cette férie de dépôts de matières végétales & d'atterriffemens.

62. Telle eft l'explication que l'obfervation locale permet de donner à
ces couches étonnantes & parallèles
de houille, d'atterriffemens, de pierres herborifées, qui avoifinent ou touchent les mines de charbon ; le mouvement des eaux & les tranfports des
terres mouvantes en font la caufe la
plus fimple & la plus convaincante.
On peut lire dans les Ouvrages de
M. Morand, & fur-tout dans la defcription de fon cabinet, les preuves
de cette vérité. Ce Savant a rappro-
ché toutes les fortes de gangues qui
avoifinent les mines de charbon de
terre, & il réfulte de l'afpect de toutes
ces matrices, tantôt fchifteufes & tantôt
granitiques, fouvent argilleufes, quelquefois calcaires, environnées ou de
coquilles maritimes folliles, ou d'empreintes de végétaux; il réfulte, dis-je,
une vérité neuve, encore inconnue,
& très-lumineufe fur les époques de
la nature, favoir que dans tous les

F 4

âges & à chaque époque où elle a formé des montagnes schisteuses, granitiques, calcaires, coquillières, &c. elle a toujours formé auffi des matières inflammables du détriment des végétaux, avec cette différence cependant que les fillons font en général les gangues des houillières dans le fol granitique, tandis que dans les atterriffemens formés plus récemment, les houilles & leurs gangues font en couches horizontales ou peu inclinées. Au refte je renvoie au travail curieux de M. Morand : il eft entièrement neuf & il intéreffe tous les Savans. Cet Académicien fe prête d'ailleurs avec plaifir à montrer des minéraux fi nouveaux aux curieux de la nature, & la vue feule de fon cabinet prouve la plupart de mes obfervations.

Il eft donc avéré que les êtres organifés ont exifté & ont vécu fur la furface de la terre dans le monde granitique; & peu de temps après la fortie de ce fol antique du fein des eaux, puifque ce fol offre encore leurs débris dans les mines de charbon ou dans leurs gangues : or cette époque eſt la plus ancienne que nous connoiſſions, parce que nos obſervations, ſemblables aux regiſtres les plus anciens & aux chartres des nations, ne montent pas plus haut.

63. La nature formant, dans la ſuite des temps, de nouveaux ouvrages, tantôt ſimples, comme dans la préparation des matières calcaires ou ſchiſteuſes, tantôt compoſées, comme dans la réunion des atterriſſemens, n'a point ceſſé de nourrir des êtres organiſés & de conſerver leurs débris, puiſque chaque nouvelle formation, plus récente de roches calcaires, ſecondaires, de grès, de ſchiſte, d'atterriſſemens, contient de nouveaux amas recélés profondément ; en ſorte que toute la couche externe du globe a été élaborée par les eaux courantes continentales, ou par le balancement des mers, & conſtamment mêlangée avec les débris des êtres organiſés.

64. Il n'eſt donc aucun âge connu

dans les époques les plus modernes
de la nature, pendant lequel il n'ait
exifté des continens propres à la nourriture des plantes ; & lorfque les eaux
formoient & fuperpofoient les atterriffemens fluviatiles, il exiftoit une partie sèche du globe favorable à la végétation, puifque ces atterriffemens
contiennent les débris des végétaux &
des dépôts immenfes provenus de leur
deftruction. Ces atterriffemens font
donc l'ouvrage des fleuves, puifque
les eaux pluviales ont balayé la terre
sèche de tous leurs végétaux ; & ceux
qui prétendent que la mer a formé
tout caillou voûté & tout atterriffement, doivent être fort embarraffés à
la vue de ces reftes de végétaux mêlangés avec les terres de tranfport.

65. Ou la mer a nourri les plantes ou
les continens ; le premier n'eft pas
poffible, puifqu'on reconnoît dans les
impreffions les plantes terreftres : les
eaux courantes pluviales ont donc entraîné ou enfoui leurs plantes par leurs
atterriffemens accumulés, & ces vaf-

tes atterriſſemens mêlangés avec les débris de végétaux ſont l'ouvrage des fleuves, & non des eaux maritimes, qui ne ſauroient ſortir de leur baſſin pour enfouir la ſurface de la terre : obſervation qui ſemble décider enfin la puiſſance des eaux courantes continentales, tant dans les âges préſens de la nature, que dans les temps plus anciens dont nous conſidérons les monumens.

66. Il faut conſidérer néanmoins que, comme les eaux courantes portent dans la mer une grande quantité d'atterriſſemens formés de ſables, de limon, elles ont pu ſouvent entraîner des amas de végétaux : les averſes conſidérables enlèvent dans le térrein en pente, la ſuperficie des végétaux, qui, dépoſés avec les atterriſſemens dans le ſein des mers, ſont enfouis avec eux ſous leurs eaux : dans ce réduit ſe préparent enſuite les amas de combuſtibles, comme la tourbe, ſi les plantes ſont de la famille des graminées, dans leſ-

quelles fe trouve peu d'huile inflam-
mable, ou le charbon de terre, fi ces
plantes font plus oléagineufes ou plus
graffes.

67. Dans ce dernier cas, la partie
bitumineufe fe fépare de la partie
aqueufe des plantes & de la partie
ligneufe. Ces deux dernières adhéren-
tes à l'atterriffement lui impriment
leurs types, tandis que l'huile occupe
le centre, fe concentrant, durciffant,
formant à part un extrait comprimé
fous l'atterriffement, comme les preffes
d'huile de Provence qui expriment
l'huile d'olive du fruit qui la contient,
& la forcent d'occuper féparément une
autre place.

68. Voilà l'origine de ces mines
de charbon horizontales dont le toît
& le fondement font formés de terre
végétale fchifteufe avec empreintes de
plantes ; le toît & le fondement font
ordinairement en couches, & féparés
par la couche intermédiaire de charbon de terre.

69. Cette théorie des matières inflam-

mables, foffiles, n'eft pas cependant
affez générale pour affurer que la nature produife tout bitume par voie
humide. Les volcans qui recèlent des
matières combuftibles, qui volatilifent
tant de matières encore fufceptibles
d'inflammabilité, qui laiffent émaner
au-dehors des miafmes fulphureux ont
produit quelquefois des matières fufceptibles d'inflammation & d'incandef-
cence. La Solfatarre, volcan éteint,
le Véfuve & l'Etna produifent jour-
nellement du foufre, &c. Auffi le
Volcan de Jaujax a produit autrefois desmatières femblables & de vrais
bitumes ; preuve évidente que la nature peut connoître plufieurs moyens
pour parvenir au même but. Tout
s'opère dans le monde par caufes fuf-
fifantes & par produits ; la chaîne des
caufes & des effets n'eft jamais coupée ; quelques circonftances feulement
peuvent quelquefois fufpendre leur activité, mais plufieurs caufes fe réu-
niffent fouvent pour produire l'unité
dans le réfultat, & c'eft ce qu'on

obſerve dans le charbon de terre que les volcans ont produit dans pluſieurs circonſtances.

70. L'origine des tourbes dont M. Guettard a décrit les variétés, les phénomènes & l'uſage ne ſont point dans le même ordre des phénomènes produits par la décompoſition végétale. Il ne s'eſt point fait dans ni hors d'eux de pétrification ultérieure, comme dans les ſchiſtes herboriſés; la partie oléagineuſe que toutes les plantes poſſèdent plus ou moins abondamment, a été volatiliſée: elle s'eſt perdue, & n'a point formé un bitume compact, comme dans les houillières; il n'eſt reſté que la partie ligneuſe que l'eau a rendue ſpongieuſe en ſéparant les fibres conſtitutives de la plante, en s'interpoſant entr'elles, en les écartant, & en leur permettant de conſerver un reſte d'élaſticité. Parcourez les vallées d'Eſtampes, célèbres par les herboriſations de M. Guettard, par ſes premières recherches ſur les minéraux & les foſſiles; voyez les plaines

inférieures de la vallée de Malesherbes,
où l'homme n'a pas encore confommé
toute la tourbe ; vous fentirez le terrein
preffé à chaque pas , vous repouffer en
haut par la réaction de la tourbe qui
conferve encore cette élafticité.

71. Voilà ce que nous avions à dire
fur les détrimens des végétaux ; c'eft une
queftion qui nous fert de paffage naturel
du règne minéral au végétal, dont nous
traiterons déformais , & qui appartient
à l'un & l'autre règne ; puifque les
dépôts des anciens végétaux décom-
pofés tiennent , comme foffiles , aux
minéraux qui les contiennent , les con-
fervent , & avec lefquels ils font corps ,
offrant eux-mêmes l'état de la végétation dans cet ancien temps , pendant
lequel ces plantes, aujourd'hui foffiles,
floriffoient fur la furface de la terre. Nous
examinerons cette dernière queftion
dans une partie fpéciale de cet ouvrage.

CHAPITRE XI.

Hiftoire des fyftêmes botaniques de Théophrafte , Diofcoride , Pline , & Galien. Premiers fyftêmes botaniques ; Dalechamp, Bauhin, Joufton , Magnol , Tournefort , Boherrhaave , Linnée ; fyftême des glandes & des poils, de M. Guettard ; fyftême de Haller ; familles de M. Adanfon ; Flore Françoife.

72. LES Anciens ont cultivé l'étude des plantes , & quoiqu'il ne refte de leurs ouvrages que les Œuvres de Théophrafte & de Diofcoride , on voit aifément que la Botanique fut l'objet des recherches des Philofophes ; leurs connoiffances cependant paroiffent bornées dans ce genre de favoir, car Diofcoride ne femble connoître qu'environ fix cents plantes.

73. Pline & Galien ne firent point de grands

grands progrès dans cette étude ; une
fuite de fiècles de malheurs & d'igno-
rance, & enfuite l'inondation des Bar-
bares la firent abandonner entièrement,
malgré le befoin urgent & continuel que
les hommes ont toujours eu de connoître
les fimples favorables ou nuifibles.

74. Mais quand le renouvellement
de l'efprit humain incita les Savans à
cultiver toutes les branches du favoir,
la Botanique, fcience véritablement
neuve, parut fortir du néant ; fes
progrès précédèrent ceux des autres
parties de l'Hiftoire naturelle ; & l'é-
tude de la nature, dans l'ordre végétal,
fit connoître un fi grand nombre de
plantes, qu'il fallut imaginer des claffes
& des ordres pour fecourir la foibleffe
de la mémoire humaine, & donner une
place à chaque individu, felon fes ana-
logies avec d'autres femblables ; c'eft
ce qui a produit les fyftêmes botaniques
ou les nomenclatures.

75. Les plantes font compofées de racines, de tiges, de branches, de feuilles,
de fleurs, de glandes, de fruits, &c.

Végét. Tom. I. G

Or on parvient à former un fyftême botanique, en raffemblant les parties analogues ou femblables qui forment des claffes & donnent un ordre méthodique à toutes les variétés des plantes, & comme ces parties font en grand nombre, comme la manière d'obferver eft auffi fort différente parmi les Naturaliftes, il fuit qu'ils n'ont point été encore d'accord fur les parties qui devoient fervir à former le caractère des claffes, les uns ayant choifi les feuilles, les autres les glandes ou poils; les autres enfin, les parties de la génération des plantes.

76. Dalechamp qui écrivoit dès 1587, eft un des premiers Botaniftes qui méritent notre attention; il divifa les plantes en dix-huit claffes, qui avoient pour fondement la figure, la grandeur, & les qualités analogues. Gafpard Bauhin forma deux livres fur les plantes qu'il divifa en graminées, bulbeufes, potagères, légumineufes, ombellifères, &c.

Jonfton divifa les plantes en trente claffes, relativement à leurs qualités, forme des parties , durée & grandeur.

77. Dans tous ces fyftêmes , on voit la marche de l'efprit humain qui s'éclaire toujours de plus en plus depuis Théophrafte & Diofcoride jufqu'à ce fiècle ; mais fous Louis XIV les génies fe développent tout-à-coup ; & on entrevoit déjà la plupart des principes qui ont été les avant-coureurs de nos connoiffances actuelles. Magnol propofe le premier de traiter la nature par familles , ouvrage que M. Adanfon pouvoit feul exécuter ; & Tournefort , le véritable père de la Botanique en France , établit les plans d'après les fleurs.

78. Tournefort eft le Botanifte dont le fyftême fut le plus généralement applaudi ; il obferva le premier que les fleurs avoient une forte de reffemblance qui pouvoit fervir de bafe à fon fyftême ; en forte que parmi toutes les fleurs connues il ne fe trouve que quatorze différences entr'elles , qui forment les quatorze claffes dans lefquelles font renfermées toutes les plantes connues.

Et comme il est des plantes qui n'ont, ou ne paroissent pas avoir aucune fleur, sur-tout parmi les arbres & arbustes, l'Auteur imagina des classes séparées qui, jointes aux précédentes, formèrent vingt deux classes.

Tournefort établit ses genres, ou ses subdivisions, d'après les différences des fruits, il imagina soixante - treize genres, & les autres parties de la plante formèrent les espèces.

Cette méthode facilite singulièrement l'étude de la Botanique ; l'esprit peut se rappeller aisément quatorze figures de fleurs différentes, & avec quelque travail postérieur, il reconnoît aisément le genre & l'espèce.

79. En 1710, Boherhaave divisa le règne végétal en trente - quatre classes, & ses fondemens, imaginés par un Physiologiste profond, furent liés à des observations sur l'économie animale ; il divisa donc les plantes, d'après la forme du fruit & des fleurs, le lieu de leur naissance, le port & l'ensemble de toutes les parties & sur leurs

degrés divers de perfection, &c. &c.

80. Linneus, le plus savant Botaniste qui eût paru jusqu'alors après Tournefort, son précurseur, & sans lequel il n'eût jamais été Linneus, proposa dans sa méthode sexuelle un nouveau plan dès 1737 ; sept mille plantes furent partagées en vingt-quatre classes, fondées sur les étamines, sur leur nombre, figure, situation, absence, &c.

Malgré la réputation que Linné a justement acquise dans la République des Lettres, on ne doit jamais oublier que Tournefort est le véritable père de la Botanique : sans lui, Linné n'eût jamais acquis ce vaste savoir, qui lui a permis d'embrasser la nature entière, & réunir sous des classes, c'est-à-dire sous une sorte d'étendard commun, tous les individus qu'il put connoître dans la nature.

Linné, dans ce sens, est le Naturaliste dont la mémoire a saisi le plus de formes, & réuni le plus d'êtres distincts dans des départemens analogues. C'est le plus grand Bibliothécaire de la nature, qui a su avoisiner des objets

G 3

éloignés & décider leurs reſſemblances, en aſſignant, en 1738, les ſeules étamines, c'eſt-à-dire un ſeul organe dans les végétaux, pour fondement de la diſtribution des claſſes ; MM. le Monnier & de Juſſieu ont cru devoir corriger pluſieurs diviſions ſubalternes dans la poſition réſpective des plantes du Jardin du Roi; & M. de la Mark, dans ſa Flore Françoiſe, ouvrage véritablement élémentaire, a tiré quelques familles du rang aſſigné par le Naturaliſte Suédois.

81. Au lieu de prendre l'organe de la génération pour fondement de ſes diviſions, M. Guettard employa dès 1747, un organe commun à toutes les plantes, celui des glandes.

M. Guettard montre évidemment que des glandes ſemblables annoncent la parenté des plantes, & ſuppoſant que les ordres de Linné ſont bien établis, il fonde ſes ſubdiviſions ſur la forme ſimilaire de ſes glandes & des poils adhérens.

Ses obſervations peuvent même

s'étendre fur plufieurs individus des animaux, les reptiles font couverts en général par des rugofités ou par des écailles ; les animaux de la mer font enveloppés d'une fubftance pierreufe calcaire ou d'une écaille analogue ; les quadrupèdes qui ont entr'eux quelque alliance dans leurs familles refpectives, font couverts de poils analogues ; la race canine a des poils femblables qui diffèrent des poils de la race des chats, & ceux-ci en ont qui font femblables aux poils des animaux des races voifines ; la laine du mouton n'appartient qu'à ceux de fa famille ; elle varie du poil du bouc. Mais il faut avouer qu'il exifte cependant quelques exceptions occafionnées par le climat, car l'habitant de l'Afrique n'a plus qu'une laine courte & crêpue, & l'Européen de longs cheveux liffes ; enfin le poil du chat angola diffère du poil de nos chats domeftiques.

82. Quoi qu'il en foit du règne animal, les glandes & les poils végétaux ont affez de différences & de variétés

G 4

dans leurs formes pour établir un fyftême fuivi. C'eſt un beau fpectacle
de voir à l'aide d'une loupe toutes les
fortes de glandes ou de poils que les
végétaux offrent dans leurs fleurs ou
dans leurs feuilles ; ici c'eſt un petit
cylindre avec fes nœuds ou valvules,
là de petites pyramides ; tantôt des
houpes, & tantôt des foleils à rayons
divergens.

La fymmétrie de la nature ne paroît
nulle part avec autant de régularité, &
la phyſiologie des plantes a été même
éclairée d'un nouveau jour. L'Auteur a obſervé, en effet, que ces organes étoient des tuyaux exhalans qui
projetoient au - dehors ou une pouſſière
volante, ou des guttules de liqueur
vifqueuſe.

83. Ce fyſtême, entièrement neuf,
fondé fur des parties prefque inconnues,
a été trop oublié, il mérite d'être mis
un jour fous un nouvel appareil ; mais
c'eſt l'ouvrage de pluſieurs années de
travaux & de différens voyages qu'on
doit entreprendre dans divers climats.

84. Haller établit des claffes bientôt après, fondées fur la comparaifon & le nombre des étamines, du calice, de la corole & des graines. Le Docteur Sauvage leur donna les feuilles, leur défaut, fituation, forme, &c. pour fondement. M. de Seguier, dans fes plantes de Vérone, établit vingt & une claffes, relativement à leur grandeur, la corole, les pétales, & la fituation des fleurs; & M. Duhamel, dans fon fameux traité des arbres, les divifa, 1°. en trois claffes, eu égard à leur fexe & au nombre de pétales; il les partagea, 2°. en fept familles, d'après les diverfes modifications de leurs fruits & de leurs graines.

85. M. Adanfon a exécuté un nouvel ordre de claffes fur d'autres plans; convaincu que cette foule de fyftêmes fucceffifs avoient peu trouvé de faits pofitifs dans la nature, il tenta de choifir la parenté naturelle des plantes; il divifa le règne végétal en familles, & il préfenta la nature fous une nouvelle face.

L'Auteur affocia donc des plantes, non d'après leur reffemblance mutuelle établie fur une feule partie, mais d'après toutes les parties prifes enfemble. Cinquante-huit familles fortirent de tout le règne végétal, les champignons, les fougères, les palmiers, les gramens, les liliacées, les ombellifères, les campanulles, les rofiers, les tilleuls, les renoncules, les pins, les mouffes, &c. &c. annoncèrent que la nature avoit créé des familles dans l'ordre des plantes, comme elle en a créé dans l'ordre des animaux. L'Auteur travaille fur le même plan, à divifer ainfi les différens règnes, & tous les curieux de la nature doivent defirer la publication de fon ouvrage.

86. Enfin le dernier ouvrage que nous avons vû paroître en France, c'eft la Flore Françoife de M. le Chevalier de la Mark, de l'Académie des Sciences, ouvrage où l'Auteur, après avoir expofé fes principes avec toute la clarté qui convient à la Botanique, décrit les plantes de notre climat.

CHAPITRE XII.

*Observations sur les divers systêmes imagi-
nés pour classer les plantes & les
productions de la nature. Insuffisance
des méthodes établies sur les formes
des plantes ; nécessité de les établir sur
des phénomènes généraux physiologi-
ques. Exemple dans la classe des plantes résineuses. Les principes de la
distinction des classes doivent avoir des
causes pour base , & non des effets. La
forme externe des plantes est un effet.*

87. Tous les systêmes précédens ,
dont nous avons donné une idée som-
maire , annoncent combien la nomenclature est un genre de savoir arbitraire peu conforme à la marche de
la nature ; il me semble qu'un her-
bier imite parfaitement le catalogue
d'une immense bibliothèque , dont les

claſſes & les ordres ſont diviſés relativement au format des ouvrages , ou aux matières qu'ils traitent , ce qui ſeroit plus naturel.

88. Mais quelque arbitraire & peu ſolide que ſoit cette ſcience de nomenclature , la foibleſſe de notre mémoire la rend néceſſaire pour circonſcrire cette foule immenſe de plantes qu'on réunit de toutes parts dans un même jardin , où elles ſeroient confondues pêle-mêle. L'eſprit humain n'eſt pas capable de ſaiſir d'un ſeul coup-d'œil le règne immenſe de la nature végétante ; il a fallu l'offrir à nos yeux par parties coupées , & ces diviſions , au lieu d'exiſter dans la nature , ſont devenues dès-lors l'ouvrage de l'homme , & par conſéquent variables & arbitraires , comme tout ouvrage de l'imagination.

89. L'eſprit s'irrite donc à la vue de ces diviſions & de ces ſubdiviſions qui ne finiſſent jamais , il demande de connoître , avant cette nomenclature infinie , ce qui concerne l'organiſation ,

la naiffance, la reproduction & les phénomènes phyfiques des individus.

90. Les affemblages détachés de ces
individus exigeant donc de l'efprit, de
longs & pénibles travaux, & les Nomen-
clateurs ne doivent jamais oublier qu'ils
nous éloignent de la fcience phyfique
de la nature, pour nous occuper de
leurs divifions : peut - on croire que
l'art de juger de la nature par des dimenfions plus ou moins grandes, foit
le véritable art de traiter fon hiftoire ?
Je parle des fyftêmes fondés fur la
grandeur, le nombre & la pofition,
& non point de ceux de Tournefort,
de M. Adanfon, ni de M. Guettard,
qui ont pris pour principes de leurs
divifions, des opérations phyfiologi-
ques des plantes ou leurs affinités qui
annoncent au moins les travaux de
la nature, & l'hiftoire des efpèces &
des familles.

91. Il eft donc évident qu'un fyftême botanique n'eft inftructif que
lorfque des opérations phyfiques de la
plante en font le fondement & qu'on

éloigne la forme , le nombre & la couleur connue des accidens. La vérité de ce précepte deviendra bien fensible , en expofant l'exemple fuivant.

92. Le Docteur Sauvage imagina le premier l'art de divifer par claffes les maladies dont l'homme eft affligé : un fymptôme externe n'eft point le principe des divifions , comme une figure externe l'eft dans la Botanique ; mais, en profond Médecin , il néglige dans le fondement de fes divifions , les formes & les phénomènes fubalternes, il faifit des faits majeurs d'où dépendent tant de dérangemens poffibles dans l'économie animale ; & une caufe puiffante & énergique devient la bafe de chacune de fes claffes.

93. Ainfi le Docteur Sauvage ayant appris , par la pratique de fon art , que l'irritabilité de la fibre eft une caufe active & puiffante dans le fyftême nerveux , forme une claffe particulière de l'irritabilité ou du mouvement fpafmodique , & dans le moment

cent maladies fubalternes viennent fe
ranger fous cette claffe ; l'Auteur voit
paroître & décrit fucceffivement les
convulfions générales ou partielles ,
la palpitation , la contraction , le trem-
blement , la paffion hyftérique , &c.

La foibleffe de la fibre offre également un fait puiffant, général, univerfel
dans le fyftême nerveux , & auffi-tôt
l'indolence , l'affoupiffement , la laffi-
tude , l'éthifie , la fièvre lente , la dé-
bilité habituelle , l'impuiffance , les
défaillances , &c. , & viennent prendre leur place naturelle : l'hiftoire naturelle d'une maladie éclaire l'efprit
fur celle de la maladie voifine ; on
voit la ramification des effets de la
même caufe , & on fuit la nature dans
fes diverfes opérations : qui ne voit
que cette méthode eft la méthode d'é-
tudier la nature , & qui pourroit fe re-
fufer de reconnoître que , fi , dans la
claffification des maladies , on fuivoit
un phénomène , un fymptôme tranfitoire , on commettroit d'étranges erreurs dans l'hiftoire de plufieurs mala-

dies différentes, qui ont souvent des syptômes semblables ?

94. Par exemple, si un nouveau Médecin vouloit former une classe des maladies où le malade éprouve des sueurs contre nature, n'est-il pas évident qu'il réuniroit la fièvre inflammatoire à l'étique, dont les exacerbations & les sueurs nocturnes sont si différentes des sueurs de la fièvre inflammatoire, qui portent au-dehors, par les couloirs de la peau, une humeur morbifique ? Dans le premier cas, la sueur est une des causes subalternes de la maladie ; & dans le second, elle est, au contraire, une délivrance de la maladie.

95. Les formes externes des objets, leur nombre n'étant que de pures relations ou des objets d'une simple analogie ; cet exemple suffit pour nous permettre d'observer qu'ils ne seront jamais suffisans pour devenir les fondemens d'une méthode naturelle : & les Savans varieront perpétuellement dans leurs nomenclatures, jusqu'à ce que des faits, & non des formes, aient

été

été les fondemens des claſſifications,
parce que les phénomènes ſont des
cauſes, & les formes des effets impuiſſans, qui ne produiſent rien après
eux.

96. Ainſi, au lieu de prendre la forme la plus générale dans les plantes,
je voudrois prendre les faits les plus
généraux; or, comme la ſcience des
faits eſt encore imparfaite dans la Botanique, il ſuit que le vrai ſyſtême de
nomenclature eſt encore à trouver :
mais quand ce genre de ſavoir aura
acquis tous les degrés de perfection,
quand tous les phénomènes des plantes
auront été développés & ſuivis, il ſuf-
fira alors de placer à côté, une douzaine
de faits majeurs, qui appelleront les analogues à la ſuite, & formeront les claſſes naturelles.

97. Alors ces claſſes indépendantes entr'elles, & chacune dans leur département, auront ſous elles des plantes dont les phénomènes ſeront des ré-
ſultats des phénomènes plus généraux
appartenans à la claſſe; & la Botanique,

Végét. Tom. I.   H

au lieu de préfenter la fcience des formes & des figures, ne fera plus que la
fcience des faits.

98. La claffe naturelle des plantes
réfineufes peut fervir d'exemple dans
cette importante queftion. La réfine eft
une matière huileufe qui circule dans la
plante ; elle annonce dans la claffe, des
phénomènes analogues ; toutes les familles qui la compofent ont des branches garnies pendant l'hiver, toutes font
odoriférantes : elles s'allument aifément
& donnent une flamme étincelante ;
toutes appétent l'afpect de la lumière,
& lorfqu'elles font trop ferrées dans
les forêts, elles élèvent leur tige uni-
formément pour la chercher ; les branches inférieures perdent la vie & deffè-
chent ; toutes vivent long-temps ; toutes
donnent des fucs âcres, échauffans, fudorifiques, apéritifs, ftomachiques,
amers, balfamiques, &c.

99. Toutes ces propriétés dépendent
de la préparation interne de la réfine,
tout réfulte de ce phénomène diftinctif
de la plante, & même les formes de

la plante dont il a plu aux Botaniftes
de faire le fondement de leurs fyftêmes. Voyez les fapins, les pins, les me-
lezes, les cyprès, &c. tous ont des
formes coniques; la tige s'élève très-
haut, les feuilles ont à-peu-près les
mêmes formes, & la figure de l'arbre
rétréci & pyramidal annonce le refler-
rement des parties qu'une circulation
gênée des fucs gommeux, gluans, te-
naces & vifqueux retient dans des ef-
paces étroits; cette circulation paroît
n'avoir de force que de bas en haut,
felon la direction des vaiffeaux; les
forces du centre vers la circonférence
font prefque nulles, & l'arbre emploie
ainfi beaucoup de fucs en hauteur &
une petite quantité, dans fes dimenfions
horizontales.

100. Cet exemple fuffit pour démon-
trer qu'en prenant les formes pour fondement des divifions des claffes, c'eft
prendre une caufe fubalterne & infruc-
tueufe pour traiter l'hiftoire de la nature; la forme, la couleur, le nombre
& la difpofition font de purs effets, des

H 2

conféquences ultérieures d'une caufe primitive. C'eft la caufe elle-même qu'il falloit prendre & qu'on a négligée pour affurer des fondemens folides à la claffe, ou au moins les phénomènes les plus généraux, les plus féconds en phénomènes fubalternes, telle que la préparation végétale de la réfine dans les plantes, qui emporte avec elle la claffe des conifères.

101. Mais il n'a pu être donné encore à l'efprit humain d'exécuter ce beau plan *fur les végétaux*, ni même de l'entrevoir. La Botanique, dans l'enfance, ne s'occupa d'abord que de la connoiffance des formes extérieures, de la figure, de la couleur, &c : la marche de l'efprit humain du plus connu vers le moins connu, condamna les Savans à obferver d'abord les objets externes & faillans. Le progrès de la fcience des faits tenoit à d'autres fortes de favoir qu'on n'avoit pas encore, & la Botanique, comme nous l'avons obfervé, ne put s'occuper que de la furface.

102. Les fyſtêmes de Botanique ne purent donc avoir pour fondement que des formes externes; & ce fut même un prodigieux effort que celui des Savans qui choiſirent les formes les plus univerſelles pour aſſurer leurs diviſions.

103. La marche de l'eſprit humain a été bien plus active dans la claſſification des individus dont l'homme a étudié les faits phyſiques. Dans les maladies, par exemple, dont les variétés exigent une claſſification, au moins idéale, dans l'eſprit de tout Médecin, on a d'abord étudié les phénomènes & les cauſes : on a enſuite conſulté dans tous les temps & les ſymptômes extérieurs, & les principes internes. La claſſification des idées doit donc être néceſſairement plus parfaite ; elle dut avoir des cauſes pour fondement, parce qu'elle fut exécutée à cette époque où nos lumières purent reconnoître les principaux agens de nos maladies. Mais je penſe, lorſque je fais attention à l'obſervation des gens de la campagne, qui ne combinent aucune idée, qui ne

H 3

voient dans le malade que des couleurs
livides ou enflammées, qui ne connoiſſent qu'un corps froid ou ſuant, &c.,
que, dans le principe, ces apparences
extérieures furent les premiers fondemens des notions des Médecins; qu'ils
ordonnèrent leurs premiers remèdes ſur
le dehors, & par conſéquent que les
claſſes qu'ils établirent, dans leur mémoire, des maladies analogues ou diſ-
ſemblables, furent fondées ſur les apparences. Voilà où nous en ſommes encore ſur la Botanique & ſur la Minéralogie : nos travaux ſont immenſes,
mais ils ne portent encore que ſur des
apparences des formes & des couleurs.
Étudions la liaiſon naturelle des phénomènes plus généraux avec les effets
ſubalternes; obſervons la dépendance
de ces effets, & nous ferons en état
d'établir des nomenclatures, non ſur
un appareil muet ou indifférent, mais
ſur les opérations de la nature puiſſan-
tes & actives. MM. Guettard, Lemo-
nier, de Fougeroux, Adanſon, de
Juſſieu, de la Mark, qui connoiſſent

les progrès paſſés de cette ſcience, qu'ils
ſoutiennent en France, peuvent remplir
à ce ſujet les vuides de cette partie de
connoiſſances.

Voilà l'effort ultérieur dont notre
ſiècle eſt capable. Le paſſage de la méthode des formes à la méthode des faits
dans la Botanique, ſera comparable dans
tous ſes points à cette célèbre révolution de l'eſprit humain que Deſcartes
occaſionna, lorſque renverſant l'empire arbitraire de l'école, aboliſſant
les principes des entités, des formalités & de cette férie de mots ridi-
cules & vuides de ſens, établit la
ſcience des faits : révolution à jamais
célèbre dans l'hiſtoire de la philoſo-
phie que je deſirerois encore voir effec-
tuer dans la botanique ſyſtématique qui
m'a paru juſqu'en ce jour plus hériſſée
de diviſions que de vrai ſavoir. Je crois
avoir obſervé dans le ſyſtême des glandes quelques branches du grand ſyſtême encore inconnu. Je le déclare ici,
parce que quelque Savant qui entreroit
dans mes vues, pourroit peut-être ſaiſir

cette marche ; je le defire avec ardeur pour l'utilité des sciences.

104. Observons ici cependant que dans le grand nombre de systêmes botaniques établis sur les formes, ceux qui ont eu de meilleurs fondemens sont précisément ceux qui ont pour base, pour principe, des divisions des classes, des parties de la plante les plus actives, & auxquelles étoient attachés les plus grands phénomènes de la plante. Tournefort, qui s'empare des fleurs pour lesquelles seules la plante semble croître & vivre, attire l'attention de tous les Savans. Linné, qui choisit les parties de la génération, occupe tous les esprits ; Adanson, qui saisit tous les phénomènes ensemble, nous offre les familles naturelles des plantes ; Guettard , qui choisit l'organe d'une opération vitale, universelle & féconde en phénomènes ultérieurs, donne à ces matières un nouveau jour. Dans ces circonstances on voit la science des faits perfectionner la science des formes, & préparer la chûte to-

tale & prochaine de ce vieux reste de
savoir gothique qui nous à trop long-
temps occupé, pour nous attacher au
seul vrai savoir, à la science de l'expérience & de la vérité que nous avons
adoptée en minéralogie & en physique ; car c'en est fait du règne des No-
menclateurs.

Nous devons cependant tirer de
cette classe la nomenclature des minéraux de M. d'Aubenton : il a connu
mieux que tout autre l'insuffisance des
méthodes fondées sur les formes, les
figures & les couleurs. Le plus grand
nombre de ses divisions ont des faits
pour fondement, & ces faits sont toujours la base des divisions ultérieures.
Il seroit à souhaiter que toutes les espèces de savoir adoptassent ses vues &
sa marche dans la classification des individus ; qu'il a été long-temps à portée
de considérer dans le cabinet du Roi.

*Fin de la première Partie, ou de l'In-
troduction à l'Histoire des Végétaux.*

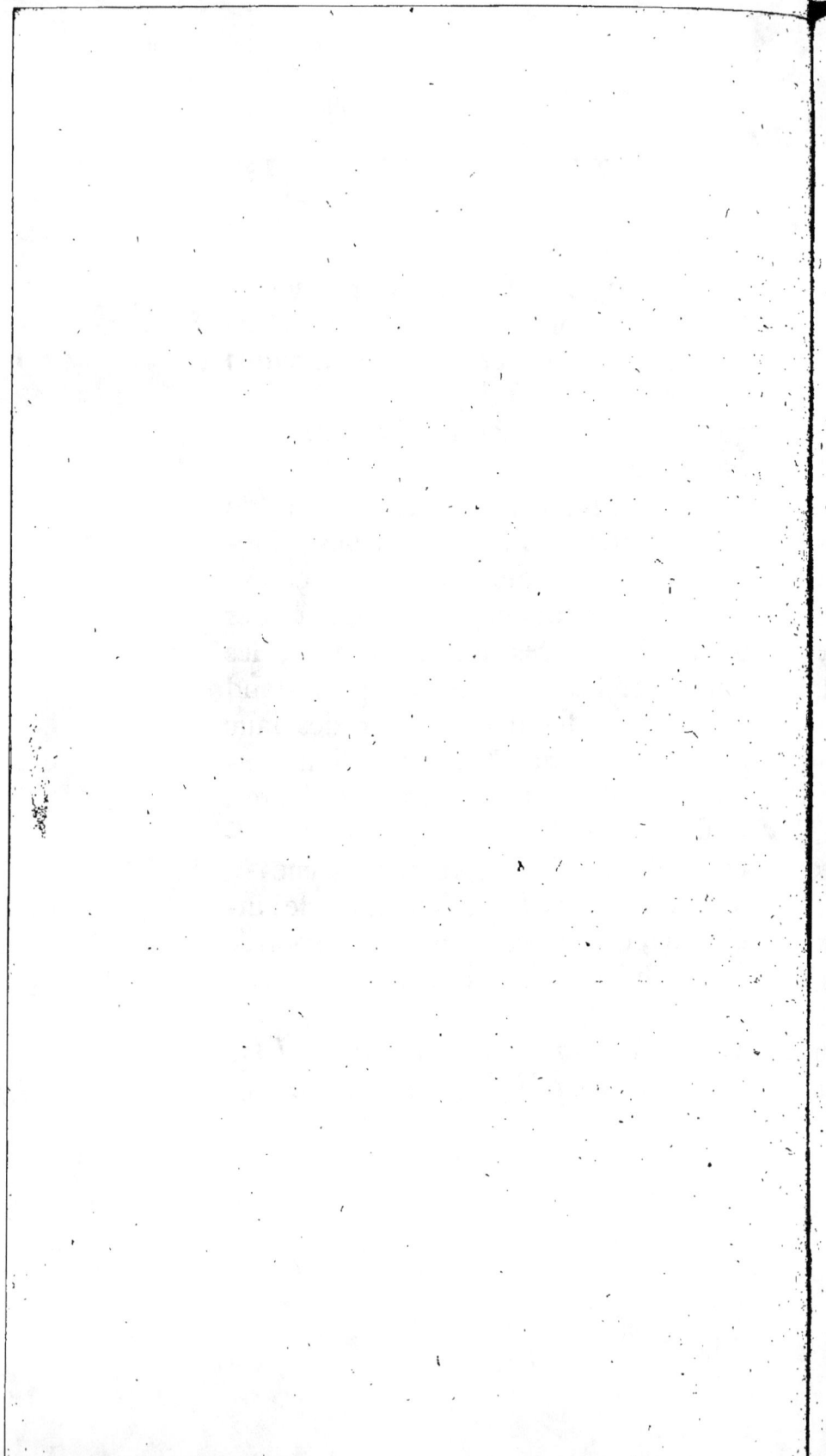

HISTOIRE
NATURELLE
DES VÉGÉTAUX
DE LA FRANCE
MÉRIDIONALE.

SECONDE PARTIE.
PRINCIPES DE LA GÉOGRAPHIE
PHYSIQUE DES VÉGÉTAUX.

Mont Mezin   Haute Montagne

les Estables

Pente du Sol vers l'Océan

Romefoi
Charuac

Pente vers haute Mont

Sellouge

CARTE

GÉOGRAPHIQUE

DES

PLANTES

Où l'on trouve la Situation
et les Limites naturelles de
leurs Climats depuis le
Bas Vivarais jusqu'au Mont
Mezin haute Montag.ᵉ Alpine.
D'après les ouvrages
de M. l'Abbé soulavie.

Echelle de 3000 Toises

Gorge des
Sources de la Loire

Bois noir

Alpin de la

Montagne

Limite Superieure
et   des Arbres   Chataigners
de ses Arbres   Fruitiers

la Vale

la Barral   Fonds de la Vallée

Savas

Limite de

St Julien

St Etienne de Bourre

Bouloyne

ARDECHE

St Julien

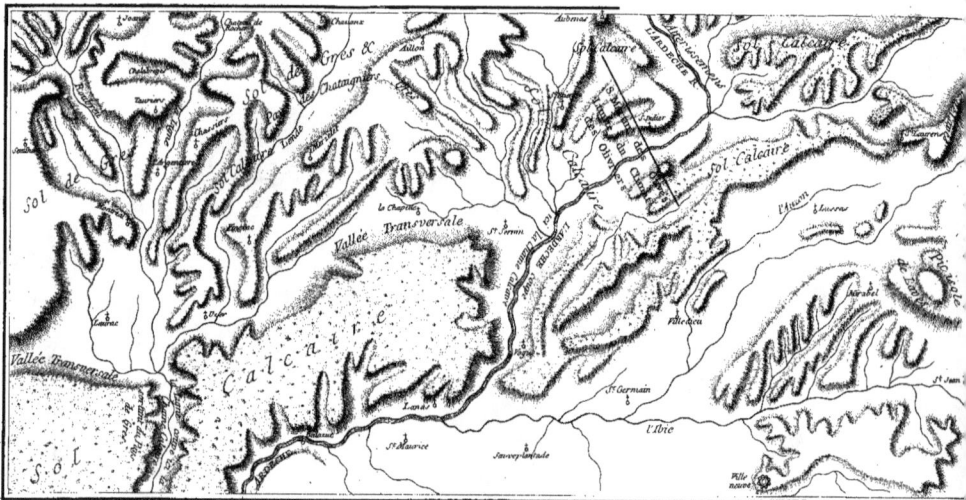

GÉOGRAPHIE

PHYSIQUE

DES PLANTES

DE LA FRANCE MÉRIDIONALE.

CHAPITRE I.

*Histoire des découvertes des Anciens &
des Modernes sur la Géographie physique des plantes. Pline découvre
quelques arbres résineux & alpins.
Porta trouve des plantes de trois climats. Tournefort décrit dans ses voyages sur le mont Ararat les plantes*

de plusieurs contrées du globe. Linné
confirme les observations de Tournefort. M. Guettard reconnoît un plus
grand nombre de plantes dans nos
Provinces méridionales, & desire qu'on
traite la Flore Françoise d'après son observation. M. le Comte de Buffon observe que chaque degré de température
produit ses plantes. Ouvrages de Haller
sur les plantes du sommet des Alpes.
M. Adanson fait connoître les phénomènes des plantes qui vivent sous
la ligne. L'Auteur des mémoires sur
le mont Pilat pense que le site des
plantes peut indiquer la hauteur du sol
& servir de baromètre. Conclusion.

105. LES Anciens n'ont point apperçu
les principes de la Géographie physique
des plantes. Pline le Naturaliste reconnut
seulement quelques lueurs de ce systême dans les plantes du sommet des
montagnes les plus froides, le *cedrus*,
le *larix de quibus resina gignitur*, dit-il,
l'*aquifolia*, le *buxus*, *junixerus*, *tere-*

benthinus , populus , ornus cornus , car-pinus &c. , aiment à vivre fur les mon-tagnes.

106. Parmi les Modernes, Porta re-connut trois efpèces de plantes en 1588 : celles du climat froid , celles du climat temperé , & celles qui vivent dans un climat chaud ; mais cette divi-fion n'étoit point fondée fur la phy-fique ni le raifonnement. Porta écrivant dans un fiècle encore très - ignorant dans les fciences phyfiques, n'a donné cette divifion que par hafard , de la même manière que le peuple qui con-noît un fait que lui offrent fes yeux, fans raifonner & fans analyfer fes idées. La preuve évidente de ce que je rapporte à fon fujet, fe tire de fa claffification des végétaux , & des propriétés qu'il leur attribue : il penfe que les plantes qui ont des parties femblables aux maladies de l'homme , guériffent ces maladies : que les plantes fécondes rendent les hommes féconds : que les plantes do-rées ont du rapport avec le foleil , les jaunes avec Jupiter, les blanches avec

la lune, les rouges avec Mars, les incarnates avec Vénus, les bleues avec Mercure : enfin Porta prétend que les éliotropes ont des liaifons fpéciales avec le foleil, comme celles qui croiffent fous la zône torride.

Le feul expofé des idées chimériques de Porta témoigne que cet Auteur ne connut les trois climats de plantes que par hafard & d'une manière vague & populaire, n'attachant aucune idée phyfique à cette diftribution naturelle des plantes, & n'en connoiffant ni les caufes ni les effets.

107. Tournefort qui n'a laiffé perdre aucune idée lumineufe en fait de Botanique, lorfqu'elle a pu avoir des liaifons avec les vérités phyfiques connues de fon temps, eft le premier Botanifte qui, foit parmi les Anciens, foit parmi les Modernes, développa une vérité fur la géographie des végétaux. Il obferva en profond phyficien, en voyageant dans le Levant, que le pied du mont Ararat en Afie, produifoit les plantes ufuelles d'Arménie. Un peu plus
haut

haut celles d'Italie, encore plus haut celles des environs de Paris, au-deſſus celles de la Suède, & enfin dans le voiſinage des glaces éternelles ſupérieures, celles de la Laponie.

On reconnoît dans cette idée, la première qui ait été ſaiſie par les Naturaliſtes modernes, le premier apperçu ſur la diſtribution naturelle des plantes ſur la ſurface de la terre ; mais l'Auteur n'a obſervé que ce ſeul fait ; il n'a point trouvé les loix impoſées aux êtres organiſés pour occuper leur place naturelle ſur la ſurface du globe terreſtre ; il n'a pas reconnu que ces loix conſtantes étoient inhérentes à la conſtitution phyſique de l'être organiſé ; il n'a point dreſſé des cartes géographiques & botaniques de cette diſtribution, ni déterminé les hauteurs des climats qui changent comme les degrés de chaleur athmoſphérique : enfin ces degrés de chaleur étant en raiſon de l'élévation verticale du ſol au-deſſus du niveau de la mer, & de la diſtance horizontale plus ou moins grande du climat de la plante,

Végét. Tom. I.   I

du cercle polaire, Tournefort n'a exposé que le seul fait circonscrit dans un lieu de peu d'étendue, il ne l'a point observé dans le reste des êtres organisés, ni étendu ses observations sur les insectes, reptiles, oiseaux, quadrupèdes qui obéissent constamment à la loi universelle, & éprouvent toute l'influence du climat.

Nous devons cependant la première idée de ce système naturel à ce célèbre Botaniste, & quoique ce phénomène soit isolé dans ses ouvrages, il annonce que l'Auteur de la découverte avoit le génie de la science dans laquelle il fit tant de progrès.

108. Linné traite du même objet dans ses *Aménités* : « les seules montagnes sur
» lesquelles on ne trouve aucune forêt,
» méritent seules, dit-il, le nom de *montagnes alpines*. Les arbres de ces sommités ne seroient que des arbrisseaux
» rampants, encore doit-on distinguer
» dans ces montagnes, la base, les côtés
» & les sommets ou montagnes de glace
» toute pure. Les côtés & la base peu

» vent exclusivement nourrir les arbres
» jusqu'à une certaine hauteur ».

Herborisant sur les montagnes de la
Dalécarlie, Linné s'accoutuma à juger
de la hauteur des lieux où il se trouvoit
par les végétaux qui se rencontroient
sous ses pas : il avoit mesuré les montagnes de la Laponie, il connoissoit le
sité des plantes dans les lieux ; en com-
parant celles de la Dalécarlie aux précédentes, il jugeoit de la hauteur où il
se trouvoit respectivement à celles de
la Laponie.

Voilà quels progrès Linné crut faire
en poursuivant la découverte de Tournefort. Nous examinerons ci-après, avec
toute l'attention que mérite ce célèbre
Naturaliste, cette méthode de juger de
l'élévation des montagnes par la station
des plantes.

109. Quelques années après, M. Guettard reconnut dans ses mémoires sur les
plantes, que nos Provinces méridionales
étoient plus fécondes, & produisoient
un plus grand nombre de plantes, soit
dans le nombre, soit dans les espèces :

I 2

l'Auteur deſireroit qu'on traitât ſelon cette vue la Flore Françoiſe, en ſorte que, ſi je parviens à mon but, j'aurai rempli le vœu de cet Académicien.

110. M. de Buffon ajouta à toutes ces idées, de nouvelles vues ſur la diſperſion des êtres organiſés ſur la ſurface de la terre ; il ne reconnut point dans les plantes les ſites plus ou moins élevés, mais la température plus ou moins chaude des climats, c'eſt-à-dire la cauſe immédiate de tous les phénomènes qui concernent cette partie de l'hiſtoire des plantes.

« Les végétaux qui couvrent la terre, » dit M. de Buffon, in-4°. 1756 pag. 58, » & qui y ſont encore attachés de plus » près que l'animal qui broute, parti- » cipent auſſi plus que lui à la nature » du climat. Chaque pays, *chaque degré* » *de température a ſes plantes particu-* » *lières.* On trouve au pied des Alpes » celles de France & d'Italie, on trouve » à leur ſommet celles des pays du nord, » on retrouve ces mêmes plantes du » nord ſur les cîmes glacées des mon-

» tagnes d'Afrique. Sur les monts qui sé-
» parent l'empire du Mogol du royaume
» de Cachemire, on voit du côté du midi
» toutes les plantes des Indes, & l'on
» eſt ſurpris de ne voir de l'autre côté
» que des plantes d'Europe. C'eſt auſſi
» des climats exceſſifs que l'on tire les
» drogues, les parfums, les poiſons &
» toutes les plantes dont les qualités ſont
» exceſſives. Le climat tempéré ne pro-
» duit au contraire que des choſes tem-
» pérées. Les herbes les plus douces,
» les légumes les plus ſains, les fruits
» les plus ſuaves, les animaux les plus
» tranquilles, les hommes les plus polis
» ſont l'apanage de cet heureux climat».

111. Peu de temps après, Haller écrivit ſur les plantes alpines.

112. M. Adanſon obſerva enſuite
pluſieurs faits analogues, qui entrent
dans l'Hiſtoire de la Géographie phyſique des végétaux : ayant voyagé dans
les contrées extrêmes du globe, ce Phi-
loſophe obſervateur put ſaiſir aiſément
les variétés & la force de la végétation
dans tous ces climats. M. Adanſon a écrit

I 3

l'histoire des plantes qui vivent dans la zône torride, il a observé que la vitalité végétale dans ce climat étoit bien supérieure à celle des plantes des régions froides & tempérées; enfin il a donné aux Physiologistes des plantes, de nouvelles observations sur leur site naturel, & proposé bien des problêmes à résoudre.

113. L'estimable Auteur des mémoires sur le mont Pilat, connoissant toutes ces découvertes, ces vérités primordiales sur la géographie des plantes & la disposition des végétaux relativement à la hauteur des montagnes, dit « qu'on pourroit en quelque sorte dé» terminer les hauteurs d'une montagne » en désignant les noms & les positions » des plantes qu'elle produit. Cet ou» vrage, ajoute-t-il, s'appelleroit le » baromètre de Flore, comme le Che» valier Linné a nommé calendrier de » Flore la détermination du temps des » floraisons ». *Observ. sur le mont Pilat, pag. 21 & suivantes.*

Voilà ce que j'ai pu extraire sur la

géographie des végétaux de mille ouvrages écrits jusqu'à ce jour sur les
plantes ; personne n'a écrit encore sur
cet objet, on n'a parlé qu'en passant,
de ce phénomène universel que la nature développe de tous côtés ; c'est pourtant une loi qu'elle s'est imposée, & à
laquelle tous les végétaux obéissent dans
toutes les contrées connues du globe.

CHAPITRE II.

Vérités primitives , ou fondement de la géographie physique des êtres organisés. Les principes de cette géographie ne sont point arbitraires : ils sont établis par la nature dans la dispersion des végétaux. Nouvelle méthode pour déterminer le systême de cette dispersion de la chaleur athmosphérique dans sa graduation verticale depuis le niveau de la mer jusqu'au sommet des montagnes, & depuis l'équateur jusqu'aux pôles.

PREMIER PRINCIPE.

114. S A N S *chaleur athmosphérique, il n'est point de vie sur la surface du globe, ni dans les airs pour les êtres organisés.*

Les végétaux périssent sur les sommets des plus hautes montagnes glacées & dans la Laponie. L'homme qui, parmi les animaux, a bravé impunément le froid le plus rigoureux, trouve des bornes vers les pôles, au-delà desquelles les humeurs ne circulent plus dans leurs viscères : & lorsque sur nos montagnes méridionales, cévenoles, alpines, ou pyrénaïques le froid est très-rigoureux, l'homme, en exercice même, succombe au froid, s'il ne ranime, par le secours d'un feu factice, le jeu de la circulation interrompue dans les plus petits viscères, & s'il ne distend par une douce chaleur, les vaisseaux que le froid a jetés dans un état de constriction.

Plusieurs animaux dont les organes sont peu compliqués, comme le serpent & autres reptiles, souffrent impunément le froid rigoureux des hivers, quoiqu'ils soient tous originaires des climats les plus chauds, & quoique la zône torride soit le lieu du globe où la race des serpens & des reptiles est féconde, puissante & nombreuse. Malgré la propension de l'espèce à demeurer dans des climats chauds, la couleuvre, la vipère &c., passent l'hiver sous terre,

dans un état d'engourdiſſement; & ſemblables aux plantes, pendant l'hiver,
elles ne vivent que dans une eſpèce de
torpeur : mais il eſt un climat ſur le
ſommet de nos montagnes ou l'eſpèce
dépérit ; ce qui annonce que cette famille d'animaux, quelque vigoureux
qu'ils paroiſſent contre l'inclémence des
ſaiſons, dépérit à un certain degré de
froid.

Parmi les quadrupèdes, cette vérité
n'eſt pas moins conſtante, les climats
brûlans de l'Afrique & de l'Aſie ont
leurs animaux, qu'un autre climat plus
froid rend impuiſſans, ou fait mourir.

L'homme lui-même dégénère, ſa ſta-
ture ſe rapetiſſe, ſa figure s'abâtardit, &
ſon caractère même s'abrutit dans les
régions glacées du Nord où il s'opiniâtre à vivre depuis long temps. Le
lieu extrême qui eſt le paſſage des contrées habitables par les hommes aux
régions pôlaires inhabitables, annonce
que la chaleur athmoſphérique eſt néceſſaire à l'eſpèce humaine : elle ſouffre
dans les lieux voiſins des glaces éter-

nelles & du froid le plus rigoureux du globe terreſtre.

Dans l'ordre des inſectes comme dans celui des reptiles, quelques animaux peuvent vivre dans un degré de chaleur bien plus violent, & d'autres dans une température très-froide. M. Bonnet a expoſé des chryſalides en plein air pendant toute une nuit à un froid d'environ quatorze degrés au-deſſous de la congélation, elles lui parurent entièrement gelées; lorſqu'il les laiſſa tomber ſur une taſſe de porcelaine, elles produiſirent un ſon ſemblable à celui qu'occaſionne la chûte d'une pierre : les chryſalides cependant n'étoient pas encore mortes : trois d'entr'elles conſervèrent encore long-temps la vie, une quatrième ſe métamorphoſa en papillon, vers le milieu du mois de Mai, & cette tranſformation ne fut pas plus tardive que celle de pluſieurs autres chryſalides de la même eſpèce, qui avoient été tenues conſtamment ſur la cheminée de ſon cabinet. On voit par ces obſervations combien les inſectes peuvent ſouffrir

impunément l'action d'un froid rigoureux.

D'un autre côté, M. l'Abbé Spalan-
zani a découvert des infectes qui ont
confervé la vie dans un milieu extrêmement chaud, ce qui nous montre
que les familles du règne des infectes fuivent d'autres loix ; mais il faut croire que
ces deux extrêmes ont enfin un terme,
& qu'il eft dans l'ordre des degrés de
chaleur ou de froid, une limite que ces
fortes d'animaux ne paffent jamais impunément.

SECOND PRINCIPE.

115. *A mefure qu'on s'éloigne de l'équa-*
teur, en fuivant un des degrés de lati-
tude foit auftrale, foit boréale, la cha-
leur athmofphérique varie du plus au
moins.

Ce principe n'a pas befoin de preuve,
il eft fi évident, que nous nous borne-
rons à examiner les feuls accidens de
cette diminution de chaleur athmofphérique.

PHÉNOMÈNES ET ACCIDENS DU PÔLE AUSTRAL.

De tous les voyageurs, Cook eſt celui qui a le plus approché du pôle auſtral. Halley, Davis, Bouvet, Furneaux ont parcouru auſſi cette vaſte mer qui couvre l'hémiſphère de ce pôle : ils ont tous reconnu des iſles de glace avant le cinquantième degré de latitude auſtrale, c'eſt-à-dire dans un climat qui devroit être à-peu-près de même température que celui de Paris.

Depuis ces iſles flottantes juſqu'au pôle, les maſſes de glace augmentent en groſſeur & en nombre juſqu'à ce que les voyageurs trouvent enfin la glace ſtable, qui forme un immenſe noyau au centre de ce pôle.

Le Capitaine Cook a trouvé cette maſſe ferme glaciale au ſoixante-onzième degré ; c'eſt de cette mer ſolide que les chaleurs de l'été détachent des monceaux énormes de glaces, que les courans & les vents portent juſqu'au qua-

rante-huitième degré de latitude, d'a-
près les observations de Bouvet, Furneaux & Cook.

PHÉNOMÈNES ET ACCIDENS DU PÔLE BORÉAL.

La quantité des glaces ambulantes
& solides est bien moindre dans cet
autre pôle : les premières isles flottantes
ne se trouvent que vers le soixantième
degré de latitude, c'est-à-dire dix ou
douze degrés plus loin de la ligne que
dans le pôle austral.

Les glaces stationnaires & fermes se
trouvent vers le soixante-dix-huitième
degré, c'est-à-dire huit ou dix degrés
plus voisins du pôle que dans le pôle
opposé.

Ce n'est pas le lieu de donner ici la
théorie du froid & du chaud, qui forment
ou fondent les glaces solides ou mobiles,
ni d'expliquer comment les unes & les
autres sont plus éloignées de la ligne,
d'environ dix degrés de notre pôle austral ; nous avons voulu seulement ex-
poser le fait & la gradation de la cha-

leur athmosphérique qu'on observe du plus au moins en s'approchant des deux pôles du monde. M. le Comte de Buffon, qui a donné dans ses Epoques de la Nature, les cartes de ces glaces mobiles & stables, en explique les causes avec la plus grande vraisemblance.

TROISIEME PRINCIPE.

A mesure qu'on s'élève du pied des montagnes vers leurs sommets, la chaleur athmosphérique varie aussi du plus au moins.

Les voyageurs qui ont examiné les sommets des plus hautes montagnes du nord, des climats tempérés, & même de la zône torride, ont observé ce fait qui est général dans toutes les contrées du globe : les Mathématiciens envoyés dans ce siècle au Pérou, ont reconnu encore cette diminution dans la zône torride; de manière qu'ils ont trouvé peu-à-peu en montant, les températures de l'Europe & du Nord.

Personne n'a mieux décrit cette diminution graduée de la chaleur athmosphérique, dans le climat d'Italie, que M. Hamilton; cet ingénieux Observateur des feux du Véfuve & de l'Etna, a obfervé, avec le plus grand foin, le paffage du chaud au froid dans fon hiftoire de ce dernier volcan, que le Sir George dit être haut de 10954 toifes, & par conféquent l'un des plus élevés de l'Europe. M. Hamilton reconnoît la ftation de la neige qui fe conferve perpétuellement fur le fommet de cette montagne. (*Voyez la collection des Œuvres du Miniftre Britannique, que j'ái publiée à Paris, chez Moutard,*)

Quelle que puiffe être la caufe de la diminution de la chaleur athmofphérique, à mefure qu'on s'élève vers les hauteurs des montagnes (qu'elle foit occafionnée, ou par les émanations différemment modifiées d'un feu central, ou par l'action folaire, queftion que nous examinerons en fon lieu), il n'eft pas moins conftant que lorfque les montagnes font élevées fous l'équateur de
plus

plus de deux mille quatre cents toises au-dessus du niveau de la mer, la glace & la neige s'y soutiennent sans fondre en été.

Dans nos régions tempérées, la glace subsiste à quinze cents toises d'élévation au-dessus du même niveau ; & à mesure qu'on s'éloigne vers le nord, cette limite de la glace descend toujours peu-à-peu jusqu'à ce qu'enfin elle se joigne à la terre ou à la mer, perpétuellement glacées, vers le soixante-dixième degré de latitude du pôle austral, & vers le quatre-vingtième degré dans le pôle boréal, comme nous l'avons exposé dans le troisième principe précédent.

D'après ces observations, on conçoit que la neige ne peut être permanente, ni sur le sommet du mont Mezin, dans le voisinage des sources de la Loire en Vivarais, puisque le sommet n'est élevé que d'environ mille toises sur le niveau de la mer, ni sur l'Olympe dans la Grèce, qui, selon les opérations de Bernouilli, n'est élevé que de mille

Végét. Tom. I.   K

dix-sept toises : enfin la neige ne peut se soutenir sur le mont Ventoux, ni sur les monts d'Or dans nos Provinces méridionales qui n'ont point onze cents toises d'élévation.

Mais si ces volcans souterreins avoient encore projeté des matières, s'ils les avoient accumulées sur les précédentes, & élevé encore, de quelques centaines de toises, le mont Mezin volcanisé, nous aurions dans nos montagnes cévenoles, au sein de la France, une montagne majeure dont le sommet seroit couvert d'une calotte de glace solide, stable & perpétuelle, comme on l'observe sur le mont Etna dans la Sicile, dans un climat d'ailleurs fort chaud.

QUATRIEME PRINCIPE.

Si la chaleur est distribuée du plus au moins de la ligne vers les pôles, & si une grande quantité de chaleur athmosphérique détermine un plus grand nombre de familles & d'individus de plan-

tes sur la surface de la terre, elles
doivent abonder sous la zône torride,
& devenir insensiblement plus rares vers
les pôles. Les divers degrés de chaleur athmosphérique doivent donc agir
plus ou moins sur la constitution des
êtres organisés ; les climats froids doivent éloigner les familles qui ont besoin
d'un grand nombre de degrés de chaleur athmosphérique, pour ne laisser sur
place que les plantes, 1°. dont les sucs
ne gelent pas, 2°. dont la nutrition &
la préparation des fruits se font dans
peu de temps & avec un petit nombre de degrés de chaleur pour la conservation de l'espèce.

Tous ces principes sont liés ensemble, ou se suivent mutuellement ; ils
forment une suite de vérités analogues
qui sont le fondement de toutes mes
recherches sur la Géographie physique
des plantes : je montrerai leur vérité
par le fait, en exposant la carte botanique d'une région de la France remarquable, en ce qu'une petite surface de

terrein très-inclinée, très-élevée d'un côté sur le niveau de la mer, & très-voisine de l'autre, de ce niveau, présente cette hiérarchie du règne végétal.

L'Historien de l'Académie des Sciences de Paris, suivant la marche de l'esprit humain dans ses progrès dans les sciences, écrivoit ces paroles en 1763, dans les Mémoires de l'Académie : « les plantes, dit-il, ont été » répandues çà & là sur le globe terres- » tre avec une magnifique profusion, » mais sans aucun ordre qui puisse in- » diquer le plan qu'a suivi l'auteur de » la nature : ce plan qui seroit le seul » système naturel, a jusqu'ici échappé » aux recherches des plus habiles Bo- » tanistes ».

Nous essayons de découvrir ce système aussi simple que la nature même ; nous voulons reconnoître ses causes en expliquant pour quoi, depuis les pôles jusqu'à l'équateur, les plantes se multiplient & en espèce & en nombre.

Les régions voisines des pôles produisent un petit nombre de plantes ;

elles font de la race des réfineufes, & alors elles peuvent avoir la ftature des fapins ; ou bien elles font aqueufes, & dans ce cas le froid rapetiffant leurs parties, femble les comprimer de tous côtés & dans tous les fens poffibles : elles fe rabougriffent : elles deviennent ligneufes & femblables à nos arbuftes : elles annoncent donc le pouvoir des frimats fur les plantes, comme fur les hommes.

Dans les climats froids, les plus rigoureux de la terre, il faut, aux plantes qui y vivent, un petit nombre de degrés de chaleur athmofphérique pour la maturité des fruits. Quand le dégel arrive vers le commencement de Juillet, & lorfque la neige découvre un fol jonché de plantes, il faut que la sève circule auffi-tôt ; que la plante prépare fa fleur & fon fruit ; & fi ces opérations n'étoient finies dans l'efpace de deux mois, les froids de Septembre détruiroient le végétal.

Les plantes n'ont donc dans les climats glacés de la terre que deux mois

K 3

de chaleur néceffaires à la maturité des
fruits, tandis qu'il faut aux plantes de
nos Provinces méridionales, dont les
fruits font de l'arrière-faifon, toutes
les chaleurs caniculaires & celles de
l'automne.

Auffi les plantes des pays les plus
froids de la Sibérie & de la Laponie
font-elles en général vivaces; ce qui
eft encore néceffaire à leur confervation, car les plantes annuelles n'auroient
pas le temps, dans deux ou trois mois
tout au plus, de germer, croître, fe
nourrir, fleurir, fe propager, mourir
& enfemencer pendant deux ou trois
mois que la terre jouit de l'afpect du
foleil, & fe trouve hors des neiges.

Dans les régions tempérées, les
plantes annuelles font bien plus nom-
breufes. Le paffage du froid au chaud
n'a pu permettre à la plupart des familles de foutenir cette alternative;
mais dans nos contrées mitoyennes, les
plantes annuelles végétant dès le mois
de Mars & d'Avril, pendant neuf mois
ou environ, ont encore le temps de

préparer leur graine , & de la conduire à une parfaite maturité.

Quand les frimats arrivent , ces plan-tes annuelles , qui abondent fur-tout dans les climats tempérés , périffent ou de mort fubite, ou dans peu de temps , & vers la mi-Novembre , lorfque , années moyennes , les gelées commen-cent à fe faire fentir.

Alors les arbres , malgré leur tiffu folide , perdent leurs feuilles. Le til-leul , le marronier , le rofier , l'aman-dier , le pommier , le pêcher , le noyer , le mûrier , le figuier , &c. &c. font dé-pouillés de leur verdure ; la végétation interrompue par le froid , empêche les bourgeons inférieurs de repouffer.

Sous la zône torride, la végétation fe préfente fous une nouvelle face ; les her-bes y font en général vivaces, mais d'une autre forme & ftature ; ces deux der-niers accidens s'offrent d'une manière particulière dans ce climat ; les herbes y font gigantefques : les formes & le volume des feuilles annoncent la force de la végétation.

K 4

CINQUIEME PRINCIPE.

Le climat des terres ou des mers qui oc-
cupent, dans notre pôle boréal, le
soixante-dix-huitième degré de latitude
est à-peu-près le même pour la tem-
pérature athmosphérique, que celui des
Alpes, élevées de quinze cents toises.

La chaleur de dix degrés au-dessous
de la température des souterreins du
globe, & que les thermomètres de
Réaumur marquent zéro, quoique ce
soit encore une chaleur réelle, ne permet point aux molécules de l'eau de
jouir de la mobilité nécessaire à la flui-
dité : l'eau gèle par-tout où la chaleur
athmosphérique n'est pas plus considérable ; & dans tous les lieux où l'on por-
tera un bon thermomètre, l'eau gèlera
lorsque la liqueur du thermomètre des-
cendra jusqu'à zéro.

Les eaux courantes gèlent bien plus
difficilement que les eaux immobiles
dans un vase ; la Seine en repos, vers
le rivage & entre des bateaux, gèle à
deux ou trois degrés au-dessous de zéro;

mais pour que le courant de la Seine soit pris & arrêté, il faut un froid d'environ sept ou huit degrés long-temps soutenus au-dessous de ce zéro.

Le climat des mers pôlaires & boréales, où l'eau de la mer se congèle, doit donc être un peu plus froid que le climat où la neige & les glaces restent fixes en France, à une élévation de quinze cents toises au-dessus du niveau de la mer, puisque dix degrés au-dessous du tempéré ne peuvent geler les eaux courantes de la Seine.

SIXIEME PRINCIPE.

L'augmentation du froid, depuis le soixante-dix-huitième degré de latitude boréal jusqu'au pôle, ne peut être, dans la même raison, que l'augmentation du froid depuis le sol élevé de quinze cents toises jusqu'au sol élevé, par exemple, de deux ou trois mille toises.

A la hauteur de huit cents toises au-dessus du niveau de la mer, la chaleur

athmofphérique eft encore affez confidérable ; à mille toifes , le fol eft gelé
pendant plus de neuf mois de l'année ;
à quinze cents toifes , il eft perpétuellement gelé ; en fuivant cette férie ,
toujours dans l'ordre vertical , le froid
doit augmenter toujours à mefure qu'on
s'élève , en forte que les plus hautes
montagnes fur lefquelles on eft parve-
nu offrent des maffes de glace dont la
dureté ne peut être comparée qu'à celle
de la roche.

Vers les pôles , le climat ne peut
fouffrir dans cette progreffion des degrés d'augmentation femblable : l'obliquité des rayons folaires eft la caufe
du froid dans ces régions ; mais comme
cette obliquité n'augmente pas en raifon auffi confidérable , & comme l'abfence du foleil eft une caufe négative
qui n'ajoute rien , il eft vraifemblable
que le climat des deux pôles doit être
affez uniforme pendant l'abfence du
foleil.

CHAPITRE III.

Diſtribution des Plantes ſur la ſurface du globe, ſelon la direction verti-cale, depuis le bord de la mer juſ-qu'à l'élévation d'environ mille toi-ſes ſur les hauteurs du mont Mezin en Vivarais, ſur la chaîne de mon-tagnes cévenoles & vivaroiſes, où les eaux de la Loire prennent leur ſource. Accroiſſement des Plantes du haut des montagnes & du bord de la mer. Application aux ſerres chau-des. Variété de nos climats méridio-naux. Variété des Plantes aquatiques. Entrelacement des familles. Sommet des montagnes.

COMME la végétation eſt plus active, & comme les familles ſont bien plus nombreuſes ſous la zône torride, de même les familles des plantes ſont bien plus multipliées dans nos Provinces mé-

ridionales inférieures, que fur le fommet prefque glacé de nos montagnes.

C'eft au feu différemment modifié,
c'eft à la plus ou moins grande quantité de chaleur athmofphérique qu'on
doit attribuer la différence fi fenfible
des plantes, & comme ce feu eft l'ame
& la vie des végétaux, comme il détermine fur le globe la faifon des florai-
fons, de l'acte de la génération des
plantes, de la maturité des fruits, de
la mort périodique ou de la torpeur
qu'elles éprouvent toutes les fois que
la nature leur refufe cet efprit vivi-
fiant aux approches de l'hiver; il femble qu'en traitant les plantes d'après
cette obfervation générale, on ob-
tiendra des connoiffances très-profondes & très-variées fur leur phyfiologie,
forte de fcience qu'on peut affurer
être encore dans l'enfance, malgré
les travaux de MM. Duhamel, Guettard, Fougeroux, Adanfon, &c.

Or le feu, ou plutôt la chaleur,
diminue à mefure qu'on s'élève en
montant fur le fommet de nos mon-

tagnes, & lorfque le pied du Vivarais, la Baffe-Provence, le Bas-Languedoc font livrés à toutes les ardeurs
circulaires, le fommet de nos plus hautes montagnes jouit de la belle température du printemps.

La caufe de la variété des plantes
dans nos Provinces méridionales dépend donc de la variété des climats
divers qu'on trouve depuis le fommet
des plus hautes montagnes jufqu'à leur
pied. J'ai divifé en lignes parallèles &
horizontales toute la Province d'un bout
à l'autre, & j'ai pu fixer le domaine
de chaque arbre que fa conftitution lui
a tracé.

Tout arbre planté au-deffus de ces
lignes frontières affignées par la nature, fe rapetiffe, fe rabougrit, ne produit ni fleurs ni fruits, & ceffe de vivre
enfin dès fa jeuneffe, lorfqu'un hiver
un peu rigoureux lui refufe les feux
néceffaires à fa végétation.

Les plantes alpines ont befoin, pour
exifter & multiplier leurs efpèces, d'un
petit nombre de degrés de chaleur qui

ne doit pas même être de longue durée. Le feu du soleil qui, dans le mois de Mai, vient dissoudre les neiges qui les couvroient, les fait bientôt épanouir; elle fait pousser leurs tiges, leurs fleurs & accélère les autres opérations de la plante, de sorte que tout cela doit être fini dans le mois d'Août, car le retour des gelées en Septembre a chassé loin de ces climats les plantes dont l'organisation ne comportoit pas une semblable célérité. Se développer, mûrir & se faner, voilà trois grands actes qui doivent se faire dans l'espace de trois mois seulement : les neuf autres mois de l'année sont destinés à vivre dans la torpeur & parmi les glaces, dans l'engourdissement.

Aussi, pour résister à ces injures des temps, les plantes alpines sont presque toutes ligneuses. Voyez au contraire les plantes du Bas-Languedoc qui donnent des fruits ou des graines dans l'arrière-saison, toutes ont besoin de l'ardeur des feux du soleil de nos Provinces méridionales, pour opérer ce que la plante précédente a opéré dans trois mois avec peu de degrés de chaleur ; la température du mois de Mars, les approches du foleil du mois d'Avril, les chaleurs de Mai, les feux de Juin, les jours caniculaires, les ardeurs de Juillet & d'Août font tous néceffaires pour mûrir une plante, & pour qu'elle puiffe préparer & nourrir une femence d'où doit fortir un jour fon être multiplié.

En continuant ainfi les recherches fur les plantes, felon le même fyftême, en étudiant plus profondément l'action du feu que la nature n'accorde que par degrés, on voit dans l'hiftoire d'une plante, les chofes les plus intéreffantes. La violette, par exemple, d'une conftitution vigoureufe, jouit d'un climat fort étendu ; elle prolonge fon empire depuis les climats fubalpins, où eft une petite quantité de chaleur athmofphérique annuelle, jufques dans la Baffe-Provence, où on la trouve encore : fon hiftoire dans les deux extrêmités eft très-variable. Dans la Provence, elle offre des fleurs d'un violet le plus éclatant, & vers l'extrêmité de son domaine supérieur, sur le sommet des montagnes, elle n'a plus que de pâles couleurs; dans la Basse-Provence, elle pousse des feuilles & des fleurs dans les mois de Janvier & de Février; & dans le Haut-Vivarais, elle ne paroît que dans les mois de Mai ou de Juin. Dans la Basse-Provence, elle a préparé & nourri sa semence dès le mois de Mars, dès-lors elle est capable de produire une seconde plante; & dans le Haut-Vivarais, cette substance n'est fécondée & mûre que vers le mois de Juillet.

Le seigle offre un autre exemple frappant de cette variété de climats: on le coupe, dans le Bas-Vivarais, dans le mois de Juillet; & dans le Haut-Vivarais cela n'est possible que vers la fin d'Août ou le commencement de Septembre. Quelquefois même ces plantes infortunées ne parviennent point à maturité, par la chûte de la saison : tels sont en partie les effets

fets des climats si variés, qui permettent à toutes les plantes de la nature d'exister à leur aise dans notre Province, & de s'accommoder à une température compatible avec leur constitution.

Cette manière de considérer les plantes montre même quelle quantité de feu on doit accorder ou refuser à toutes les herbes méridionales qu'on veut conserver dans les régions du nord pendant les froids de l'hiver : elle nous montre aussi l'inconséquence de loger dans une même serre une variété étonnante de plantes de différens climats qui demandent à Paris, par exemple, divers degrés de feu conservateur, en sorte que leur limite assignée sur les thermomètres est une borne factice qu'on doit varier selon les différens climats des plantes qu'on veut conserver. Par exemple, le Naturaliste de Suede ou de Danemarck veut garder pendant ses longs hivers l'oranger, l'olivier, le figuier, l'abricotier, le mûrier, le châtaignier, il a besoin de plusieurs serres pour con-

ferver ces arbres de dicvers climats ; les
feux des ferres qui conferveront l'oranger , l'olivier , &c. doivent être bien
plus chaudes que celles qui conferveront le mûrier & le châtaignier , parce
que parmi les arbres méridionaux ,
l'oranger & l'olivier fe trouvent dans
des parallèles les plus bas & les plus
chauds , dans leur pays naturel ; tandis
que le mûrier & le châtaignier peuvent
fupporter de plus grands froids fans périr.

Le feu étant ainfi le feul mobile des
êtres végétaux ; & les efpèces des plantes différant dans leurs fonctions les
plus nobles & les plus intéreffantes
pour le Phyficien , en raifon de la différence des degrés de ce feu que la nature leur adminiftre , il paroît qu'on
pourra faire , en fuivant cette méthode,
les plus belles découvertes dans la phyfiologie des plantes.

On juge, d'après cet apperçu général,
que nos montagnes cévenoles & vivaroifes depuis leur fommet jufqu'au bord de
la mer , font un grand jardin qui con-

tient toutes les plantes non seulement
de la France, mais de toute l'Europe ;
toutes, chacune selon ses besoins, s'y
multiplient naturellement, trouvant
dans cette échelle graduée de chaleur,
les quantités nécessaires à leurs fonctions vitales ; encore cette définition
est-elle trop modérée, puisqu'on trouve
dans la Basse-Provence un grand nombre
de plantes qui viennent naturellement
dans les climats chauds de l'Afrique, les
orangers de Malte, &c.; & j'ai vu à Paris,
dans le Jardin du Roi, plusieurs de ces
plantes de l'autre partie du monde,
qui demandent des serres chaudes pour
passer l'hiver, conservées à Avignon
sans le secours de l'industrie de l'homme.

D'un autre côté, les plantes de la
Suède & même de la Sibérie & des
autres régions froides du nord, se trouvent fort communément & fort variées
sur le sommet des montagnes cévenoles
& sur celles du Vivarais, & sur-tout dans
les bois des Chambons, des Hubas &
de Cuse. On sera convaincu de cette
vérité dans un seul voyage fait selon

L 2

le cours de l'Ardèche & du Volant ;
repréfentés dans la carte botanique
ci-jointe : on trouvera fucceffivement
les plantes alpines, fubalpines, & celles des climats chauds, de telle forte
qu'on peut, en Vivarais, en fuivant
le cours de la rivière de l'Ardèche,
depuis fon embouchure jufqu'à fa
fource, obferver toutes ces familles de
plantes qui, fe plaifant les unes dans
les régions chaudes des environs du
bourg Saint-Andéol, Saint-Juft, Saint-
Marcel ; les autres dans un climat moins
chaud & plus élevé, d'autres enfin fur
les fommets glacés du mont Mezin,
couvert de neiges pendant huit mois
de l'année, offrent le fyftême général
de toutes les plantes connues en France,
& prefque toutes celles de l'Europe
entière, fi on en excepte celles dont
la conftitution exige les plus grandes
chaleurs de notre climat, telles que
l'oranger, qu'on ne trouve que dans les
lieux les plus bas de la Provence, &
celles qui affectent de vivre dans les
lieux glacés du nord, & qui font recou-

vertes prefque toujours des amas énormes de glaces & de neiges.

Cette variété de climats influe non feulement à la variété des plantes dans le Vivarais, mais elle influe encore à la variété des familles : prenons les familles aquatiques pour exemple de cette vérité.

Les lieux les plus bas du Vivarais, les plus voifins de la Provence , & les plus chauds, font arrofés du côté de l'Orient par les eaux du Rhône , & du côté de l'Occident par les eaux de l'Ardèche ; les bords de leurs eaux vives font ornés d'une variété fingulière de plantes aquatiques & méridionales ; les terreins intermédiaires, fabloneux & imprégnés d'eaux ftagnantes, fournies par les deux courans d'eaux ambiantes, font occupés par un grand nombre de plantes marécageufes méridionales. Les efpèces des unes & des autres font très-multipliées, & leur multiplication dépend de leur conftitution même combinée avec le fol qui, étant très-humide & très-chaud, varie infiniment

L 3

les espèces de plantes. Or on sait que
la chaleur & l'eau sont les deux grands
agens de toute végétation. Nous avons
ainsi dans notre Province, dans des
lieux les plus bas & les plus chauds, à
l'exception de plusieurs plantes maritimes, un grand nombre de plantes aquatiques, fluviatiles & marécageuses.

Les espèces de cette sorte de plantes
qui, ne pouvant vivre dans les eaux sta-
gnantes des marais, ni des fleuves,
aiment au contraire des eaux vives,
limpides, très-fraîches, & en même
temps un climat chaud, trouvent encore
dans cette même partie du Bas-Vivarais
des lieux qui réunissent toutes ces
circonstances, & augmentent ainsi la
variété des espèces.

La Fontaine de Tourne, par exemple, qu'on voit auprès du Bourg Saint-
Andéol, dans le Bas-Vivarais, arrose
les lieux les plus exposés à la chaleur
de notre Province, & réunit toutes les
conditions précédentes ; j'y ai observé
quelques plantes aquatiques qui sont
dans les environs de la célèbre fontaine

de Vaucluse, dans le Comtat Venaissin, ayant parcouru dans la même saison l'une & l'autre fontaine. J'ai observé encore les mêmes espèces dans le terri-toire du Mas de l'Argentière qui est arrosé par les eaux d'une fontaine ex-trêmement froide, & dont le sol exposé en amphithéâtre du côté de l'occident, permet aux rayons solaires d'agir avec force sur la nature végétante. Voilà les vues que présentent les plantes fluvia-tiles, marécageuses & celles des fon-taines du Bas-Vivarais.

En montant vers le sommet du Vi-varais, les familles de plantes changent d'espèces par nuances insensibles, il faut suivre le cours de l'Ardèche pour obser-ver l'*entrelacement* du climat d'une fa-mille dans l'autre, & la succession des unes par les autres, jusqu'à ce qu'on soit arrivé au sommet de nos montagnes.

Ici nos plantes aquatiques méri-dionales ont disparu. Dans le lac de Saint-Frond, & dans celui d'Issarlés, par exemple, le plus haut lac qui existe peut-être en France, j'ai trouvé

L 4

les mêmes plantes aquatiques que celles que Linné avoit trouvées dans la Laponie ; enfin les plantes marécageuses alpines , & les plantes de fontaines alpines trouvent auſſi leur gîte dans nos élévations , & augmentent la ſérie harmonique des êtres de cette nature.

Les plantes aquatiques alpines ſont peu nombreuſes relativement aux autres eſpèces de plantes qui croiſſent ſur les mêmes élévations , de telle ſorte que la famille des plantes aquatiques du Bas-Vivarais étant infiniment plus multipliée que les autres familles dans le même ſol , les plantes aquatiques alpines ſont au contraire très-peu nombreuſes , eu égard au nombre d'individus des autres familles qui ſe ſont conſervées ſur les mêmes élévations , malgré le froid des climats ; & cette exception , particulière aux plantes aquatiques , paroît dépendre , ſi je ne me trompe , des deux grands agens de la végétation , qui ſont moins actifs dans ces ſortes de plantes. En effet ces plantes aquatiques alpines ſont exactement contenues, pendant la plus grande partie de l'année, dans un mur de glace qui les pénètre de toute part. La chaleur n'agit sur ces êtres que foiblement, & pendant un très-court intervalle de l'année ; & , comme la variété des plantes semble dépendre de l'action de la chaleur, qui combine en mille sens divers toutes les semences des plantes, les plantes aquatiques ne jouissant de cette action que pendant un très-petit espace de temps, & leur sol ambiant étant sans cesse arrosé d'eaux extrêmement froides, & toujours plus froides que le sol voisin sec, qui nourrit les autres familles, la nature active est par-là dans l'inanition & dans une sorte d'impuissance.

Les plantes aquatiques alpines sont donc dans l'échelon supérieur & extrême des êtres végétaux, à cause des froids de leur domaine ; &, par la raison contraire, les plantes aquatiques, fluviatiles & méridionales sont dans l'ordre de la nature, dans le site opposé, à cause de l'action véhémente

des feux du foleil qui anime l'être
végétant, tandis que l'élément d'eau
lui fournit en abondance toute la matière néceffaire à fon extenfion.

Tous les fites poffibles fe trouvant
ainfi réunis dans un immenfe efpalier
dont le haut eft le fommet glacé de nos
montagnes, & le bas le bord de nos
mers méridionales, ils développent au
voyageur un fyftême de plantes fuivi
& toujours lié d'une partie à l'autre par
des chaînes, tous les êtres végétans de
la nature paroiffent fe tenir fans la-
cunes.

CHAPITRE IV.

Application des principes précédens aux Plantes de la France. Vue sur les climats des Plantes formées par la diverse température des Provinces du royaume. Parallèles assignés aux Plantes. Climats de l'oranger, de l'olivier, de la vigne, des châtaigniers & des plantes alpines. Ces cinq climats se rapportent à trois, le climat alpin, le tempéré & le chaud. Entrelacement de quelques climats particuliers. Plantes vagues, plantes stationnaires, ou stables.

116. Nos Provinces méridionales hérissées de hautes montagnes peuvent être divisées par degrés parallèles, depuis leur pied jusqu'à leur sommet; de cette extrémité à l'autre, on voit passer sous ses yeux une infinité de plantes. Ces montagnes étudiées dans ce sens jusqu'à leur sommet, de-

viennent un véritable jardin naturel,
de Botanique, où l'on peut obferver
la marche des plantes ; ici le degré de
feu qui eft la vie & l'ame des plantes,
fe trouve diftribué non point d'une
manière uniforme & conftamment la
même comme dans les plaines, mais
par degrés *du plus au moins. Le moins*
eft pofé fur le fommet de nos montagnes, *& le plus* à leur pied comme
dans le Bas-Vivarais & dans le Bas-
Languedoc, ou comme dans la Baffe-
Provence voifine de la Méditerranée.

117. En fuivant dans cet ordre les plantes des climats fupérieurs & inférieurs,
elles ne s'offrent plus à l'obfervateur
fous de pures formes, ni fous des apparences extérieures. Les tiges, les racines, les parties de la génération &c.,
ne font plus les clefs qui nous les font
connoître ; on s'élève au contraire jufqu'à l'ame desplantes, jufqu'au principe
qui leur donne la vie, la croiffance, la
faculté génératrice, la maturité de leur
femence, on parvient enfin jufqu'aux
loix primordiales, par lefquelles les

plantes font & exiftent dans un tel lieu & fe montrent dans un tel état.

118. L'étude des plantes dans un pareil jardin, & d'après ce fyftême, exige les travaux d'une longue durée ; ce n'eft que fur les montagnes élevées & dans des pays efcarpés, fur les pics & les lieux inacceffibles, qu'on pourra élever ce nouvel édifice des connoiffances fur les plantes. Si ce fyftême prévaloit, nos jardins de Botanique ne feroient plus difpofés tels que ceux que nous avons dans nos Capitales, dans une grande plaine où la chaleur eft par-tout également diftribuée : la plus haute montagne des Provinces méridionales de la France feroit le jardin naturel ; les claffes & les ordres de Linné en feroient bannis : on trouveroit à la place une montagne divifée en lignes toujours parallèles depuis le pied jufqu'à fon fommet, pour défigner le domaine des plantes ; ces parallèles s'appelleroient *climats des plantes*, on étudieroit d'abord celles du pied, on s'éleveroit ainfi de plus en plus jufqu'au fommet, en admirant la

hiérarchie des êtres végétans, diftribués fur la montagne, felon le plus ou le moins de feu donné par la nature.

On trouveroit enfin les climats fu-perpofés, comme la géographie phy-fique a trouvé les climats, & affigné des bornes à la zône torride, aux climats tempérés & aux zônes glaciales.

119. Après avoir expofé les principes de la géographie des plantes, les mefu-res de la chaleur athmofphérique vers le nord & fur le fommet des montagnes, & offert quelques phénomènes que préfen-tent les plantes dont la pofition eft élevée ou profonde, il ne refte qu'à entrer dans quelque détail fur la pofition refpective des plantes qui fe choififfent des climats dont les bornes font invariables.

120. Or il faut obferver, 1°. qu'il eft trois climats remarquables dans les plantes de l'Europe, le *climat alpin* ou celui des montagnes qui ne dégèlent que pendant trois mois ou environ; *le climat chaud* de la Baffe-Provence, qui produit l'oranger; & le climat intermé-diaire, où *climat tempéré*.

121. 2°. Il est quelques plantes vagues qui sont de tous les climats, comme la violette qu'on trouve en Provence & sur le Mezin.

122. 3°. Il est quelques plantes du climat froid qui se conservent dans le tempéré, comme le framboisier; & même dans le climat chaud, comme le sapin; mais cet arbre originaire du climat froid ne prend son accroissement parfait que vers le sommet des montagnes les plus froides; & on sait au Jardin du Roi, que les plantes alpines & pyrénaïques, quoiqu'on les cache au soleil, dégénèrent bientôt.

123. 4°. Mais les plantes du climat chaud de la Basse-Provence, par exemple, semblent toutes condamnées à vivre dans ce climat ou dans le tempéré; l'oranger, les arbres fruitiers, &c. &c., dépérissent ou ne peuvent mûrir leurs fruits au-delà de la barrière que la nature leur a tracée; en sorte que nous appellerons dans la suite ces familles *les stationnaires.*

124. 5°. Il résulte de mes obser-

vations, que les plantes du climat tempéré s'étendent plus dans les deux domaines voisins que ceux - ci, & que quelques plantes du pays froid & alpin peuvent parvenir jusqu'au climat chaud, tandis que les plantes de ce dernier font celles dont le département est le moins étendu.

125. 6°. Le nombre des plantes européennes, africaines, &c., étant immense, il n'est pas possible d'assigner dans cet ouvrage, où je ne donne encore que des principes de la géographie des plantes, tous les climats de cette férie des plantes si multipliées. Je prends feulement une suite d'arbres les plus connus, & dont l'histoire physique représente davantage la propension de la famille pour un tel climat.

Et comme, pour reposer l'esprit, la Géographie a inventé des longitudes & des latitudes pour exprimer des phénomènes qui se passent à certaines distances, & les zônes, pour mesurer ou la chaleur solaire, ou les terres différemment éclairées par l'astre du jour,

(quoique

(quoique la nature n'ait pas tracé ces mesures), j'ai cru de même pouvoir choisir les plantes le plus remarquables dans l'ordre de toutes les plantes, pour fixer mes mesures locales & mes climats, en forte que ma Géographie végétale, appliquée à la distribution des plantes, m'a présenté cinq climats ou départemens; le climat des orangers, des oliviers, de la vigne, du châtaignier, des sapins & plantes alpines.

126. J'aurois pu choisir également d'autres plantes qui auroient donné d'autres climats & des mesures différentes: mais comme il convient de simplifier tous les principes d'une science, & de les mettre à la portée de tout le monde, j'ai préféré des plantes très - visibles, des arbres élevés & très-connus, dont les phénomènes sont d'ailleurs particuliers & analogues à la zône qu'ils occupent.

PREMIER CLIMAT.

Climat de l'Oranger.

127. Ce n'eſt peut-être que par accident que la Provence produit des orangers ; leur pays natal eſt plus voiſin de la
ligne ; mais comme la Baſſe-Provence
eſt au pied des Alpes, qui la garan-
tiſſent des vents du nord, la nature
elle-même a élevé dans cette Province
un immenſe eſpalier en faveur des
orangers : l'homme les cultive d'ailleurs avec ſoin, & un grand nombre
de plantes africaines & incultes ſe
trouvent par les mêmes raiſons, à côté
de l'oranger.

SECOND CLIMAT.

Climat de l'Olivier.

128. L'olivier étend ſon empire ſur
un champ plus vaſte : il a acquis en
Provence & en Languedoc une grandeur remarquable. Son département
dans le pays des plaines ne s'étend pas
bien loin au-delà de la méditerranée

& dans les pays montagneux voisins de la mer, il finit à une petite élévation au-dessus de son niveau.

Le figuier qui produit la petite figue du Bas-Vivarais, est du même climat ; il fructifie avec les mêmes degrés de chaleur athmosphérique, en sorte que partout où l'olivier peut vivre, on peut planter cette espèce de figuier différente des figues qu'on trouve à Paris dont le climat est plus étendu.

TROISIEME CLIMAT.

Climat de la Vigne.

129. Après l'extinction des oliviers, on voit continuer encore le département de la vigne. Or, parmi les diverses sortes de vignes, il en est qui peuvent étendre leur domaine plus loin. La vigne qui produit l'abeillot, celle qui donne l'ugne & les muscats, peuvent occuper un espace plus étendu, plus éloigné de nos mers méridionales, puisqu'on en trouve à Paris & sur les côtes du Rhin, & à des stations plus élevées encore sur le niveau de leurs eaux.

M 2

Quatrieme Climat.

Climat des Châtaigniers.

130. Mais après le climat de la vigne, il ne reste que des châtaigniers, des arbres fruitiers à noyaux & à pepins, des noyers, des neffliers, &c.

Mais le châtaignier finit, & ne laisse à ses côtés que des noyers & quelques fruits à noyaux & à pepins, qui ne s'élèvent que de quelques toises au-dessus de son département.

Cinquieme Climat.

Climat des Plantes alpines.

131. Enfin l'empire végétal ayant perdu peu-à-peu ses forces, paroît être prêt à s'éteindre sur nos hauteurs & sur les plateaux supérieurs, règne des frimats & de la neige. On n'y trouve que des framboises, des sapins, des melèzes, & dans l'ordre des petites plantes des *uva ursi* & autres plantes alpines.

Le territoire de ce climat est le plus

élevé de tous, le plus froid, le plus solitaire, celui où la neige reste stable plus long temps, où les végétaux sont plus rares tant en espèces qu'en nombre.

Nous allons considérer les phénomènes que nous présente ce système physique des plantes ; nous traiterons ensuite séparément & en détail de l'Histoire naturelle des plantes de ces divers climats, qu'on peut considérer sous trois principaux ; le chaud, qui comprend les climats de l'oranger, de l'olivier & de la vigne ; le tempéré, qui embrasse celui des châtaigniers & une partie de celui de la vigne, qu'il coupe au milieu, & enfin le climat alpin qui comprend le règne des plantes alpines.

M 3

CHAPITRE IV.

Projet sur l'établissement de trois Jardins de Plantes pour la conservation des climats ; Jardins de Plantes à Montpellier, à Paris, & sur le sommet des montagnes vivaroises.

132. CES observations nous conduisent à considérer que si dans les Jardins artificiels qu'on établit pour l'étude des plantes, on conservoit le systême des climats, la Botanique en retireroit les plus grands avantages.

On force, à Paris, au Jardin du Roi, les plantes méridionales de la France, les plantes africaines & celles des pays chauds de la terre, à souffrir toute l'inclémence de ce climat, ou à dépérir dans des serres, pour la plupart, après quelques années de langueur : on entretient aussi dans ce Jardin, des plantes alpines qui dégénèrent ou périffent à leur tour.

Pour rétablir la nature dans fes droits, & étudier les plantes dans cet état naturel dans lequel le Créateur les a placées, on devroit, 1°. établir fur nos plus hautes montagnes vivaroifes un Jardin, pour y conferver à jamais & fans altération dans les races les plantes du Nord, de l'Europe & de l'Amérique, & celles qu'on pourra apporter des terres qui font fituées vers le pôle auftral ;

2°. Laiffer au Jardin royal à Paris les plantes du climat tempéré ;

3°. Donner au Jardin royal de Montpellier les feules plantes d'Afrique & des pays qui font fous la ligne.

Je fais que ces vues paroîtront extraordinaires à bien des perfonnes ; mais je fais auffi que la magnificence d'un Souverain tel qu'un Roi de France, qui a toujours protégé les fciences & facilité leurs progrès, ne fauroit répandre fes bienfaits d'une manière plus diftinguée ni plus utile.

M 4

Louis XIV, jaloux de toutes les fortes de gloire, ordonna que des Elèves François partiroient pour l'Italie, pour y étudier les monumens de la grandeur des Romains.

Pourquoi la Botanique n'obtiendroit-elle pas une inftitution auffi falutaire? Le Jardin royal des plantes de Paris feroit partir des élèves qui auroient donné des preuves de zèle & de favoir; ils étudieroient les efforts de la nature végétante fur les montagnes les plus froides fi peu connues : ils en apporteroient tous les ans de nouvelles productions.

133. Le premier Jardin des plantes du climat le plus chaud feroit placé à Montpellier, où exifte déjà un Jardin royal de plantes, dirigé par MM. de la Société Royale des Sciences de Montpellier, affiliés à l'Académie des Sciences de Paris. Ce Jardin offriroit, dans leur état naturel, toutes les plantes de nos Provinces méridionales, les plantes aromatiques, dont nos mœurs & nos befoins moraux actuels demandent la culture, les orangers, un grand

nombre de familles de plantes africaines de la zône torride, & toutes les
plantes enfin qui, pour végéter, demandent une grande quantité de chaleur athmofphérique. Ce Jardin déjà
établi & fréquenté par des Médecins
du premier ordre, qui ont illuftré pour
jamais la Faculté de Montpellier, offriroit le plus beau fpectacle dans la réunion des plantes de tous les climats
chauds du monde.

Le fecond Jardin pour les plantes
des climats tempérés, feroit à Paris,
où eft réellement le climat qui fert de
liaifon & de paffage aux autres départemens extrêmes. Les plantes les plus
communes, les mieux connues, les
plus faciles à connoître, les plus ufi-
tées dans la Médecine, les plus néceffaires à nos ufages, feroient élevées enfemble dans ce Jardin où fe trouveroit
la première clef de la fcience des végétaux.

Enfin le Jardin des plantes alpines,
pour réunir les plantes des deux pôles,
celles des Alpes & des Pyrénées, fe-

roit établi fur le plateau élevé de nos
plus hautes montagnes alpines, ou fur
le penchant du mont Mezin glacé pendant huit ou neuf mois de l'an, il nour-
riroit les plantes hâtives qui naiffent,
croiffent, fleuriffent, mûriffent leurs
graines dans deux ou trois mois : les
hauteurs de cette montagne font toujours couvertes de neiges & de glaces
qui fe fondent par degrés nuancés d'a-
bord vers le pied, & enfuite aux approches de l'été vers le fommet :
ces froids gradués nous offriroient les
phénomènes des plantes qui reftent
pendant cinq, fix, fept, huit & neuf
mois de l'année fous les neiges, qui renouvellent leurs feuilles, leurs fleurs
& leurs fruits dans un mois & demi
ou dans deux mois, qui par conféquent n'ont befoin que d'une très-
petite quantité de feu adminiftré par
la nature, pour fubfifter; & la comparaifon de ces phénomènes à ceux des
plantes du pays chaud, qui ont befoin
de toute la chaleur caniculaire & des
ardeurs de la zône torride pour mûrir

leurs fruits, offriroit, je l'affure, de nouveaux phénomènes dans l'hiftoire du règne végétal.

On conçoit combien ces trois Jardins naturels feroient utiles à la connoiffance des plantes : Linné, & ceux qui l'ont précédé, nous ont bien donné des méthodes pour les connoître, pour les diftinguer les unes des autres; mais la méthode que je préfente feroit connoître auffi un grand nombre de propriétés en difant : voilà une telle plante d'un tel climat, d'une telle échelle & d'un tel échelon, on auroit auffi - tôt une idée de toute l'hiftoire phyfiologique de la plante, car la phyfique des plantes alpines & des plantes du pays chaud, eft à-peu-près la même dans chaque parallèle, tandis que la méthode de Linné, fondée fur les parties de la génération, ne donne fouvent autre chofe que la différence d'une plante avec une autre.

Les plantes fe trouvant ainfi réunies dans leur département naturel, on conviendroit enfin en Pharmacie de la

force d'une plante pour un tel remède.
On fait que toutes perdent leur couleur, leur odeur & leurs propriétés en
partie, qu'elles dégénèrent, qu'elles se
rabougriffent quand on les tranfporte,
quand on les change de gîte : en les
obligeant à vivre fous une telle température factice à la faveur du feu de
nos ferres, nous leur occafionnons diverfes maladies. La plupart des plantes
alpines meurent dans les pays chauds
& même tempérés. Dans dix ans feulement, l'oranger a pris tout fon accroiffement, lorfqu'il a été élevé dans fon
climat naturel ; & dans le pays plus
froid, emploie plus de trente ans. En
fuivant enfin cette méthode, on ne for-
ceroit pas les plantes, comme on l'a
fait jufqu'à préfent, à habiter des climats étrangers, elles ne feroiént point
rangées felon nos fyftêmes ou felon
la foibleffe de l'efprit de l'homme, qui
leur a donné un ordre & des places
que la nature n'avoit pas affignés ;
& comme on ne peut étudier les phénomènes de l'efpèce humaine dans

les contrées de la Sibérie , où le corps
eſt tout contrefait & rapetiſſé , de
même on ne pourra jamais étudier les
plantes alpines , reconnoître leur qualité phyſique , ni décrire des phénomènes , lorſqu'on les tranſportera dans
une athmoſphère étrangère.

CHAPITRE V.

Exposition de quelques phénomènes des plantes vagues qui courent dans tous les climats. Remarques sur la végétation relative de ces climats. Observations sur la chaleur athmosphérique nécessaire à la végétation. Commencement & fin de cette chaleur nécessaire à la circulation des sucs végétaux. Solution de sept problêmes sur la végétation comparée de plusieurs climats.

134. J'APPELLE *plantes vagues* celles qui peuvent mûrir leurs fruits dans tous les climats.

J'ai fait une observation que je crois générale sur cet objet, & que je regarde comme un principe dans ma Géographie des plantes, & que j'expose de cette sorte.

Toutes les plantes annuelles qui

mûriffent leurs fruits dans un climat chaud, tel que celui de Provence, du Bas-Vivarais & du Bas-Languedoc, vers la fin de Juin, font des plantes vagues qu'on peut trouver dans tous mes climats.

La raifon fuffifante de ce principe eft facile à faifir : s'il faut à ces plantes un nombre déterminé de degrés de chaleur athmofphérique que le climat chaud a donné à toutes les plantes, à la fin du mois de Juin, un temps plus long donne, à la fin, le même nombre de degrés dans le climat alpin; en forte que les plantes qui n'ont befoin que de la moitié de la chaleur de l'été du climat chaud, & qui mûriffent leurs fruits par conféquent vers la fin de Juin ou vers le milieu de l'été, mûriffent les mêmes fruits dans le climat alpin, à la fin de cette faifon. Dans ce cas, une double durée de temps compenfe une chaleur moindre.

Il en eft de même de la floraifon, phénomène parallèle, pour ainfi dire, avec la maturité des fruits; elle n'a

jamais lieu en même temps dans les
trois climats ; en Provence, on voit
des violettes dès les premiers beaux
jours de Janvier ; en fuivant le domaine
de bas en haut de cette plante, on
trouve une floraifon continuelle de l'efpèce, depuis le mois de Janvier, jufqu'au
mois de Juin ; & une perfonne qui
emploieroit fix mois à faire trente
lieues, depuis la Provence jufqu'au
fommet du Mezin en Vivarais, trouveroit fans ceffe des violettes ; tandis
qu'elle n'en trouveroit que dans un
petit efpace de terrein, fi elle partoit
en Janvier du mont Mezin pour arriver en Provence en Juin.

La circulation de la sève dans les
arbres commence à fe manifefter dans
le Bas-Vivarais ; à l'Argentière, par
exemple, lorfque la température de
l'athmofphère eft quelque temps dans
le huitième degré, alors tous les fucs
végétaux concentrés fe développent &
circulent dans les plantes qui reçoivent
de nouveaux fluides par leurs racines.
Peu de temps après, on voit paroître
des

des bourgeons & fucceffivement les feuilles & les fleurs, à mefure que la chaleur augmente.

135. Mais il faut obferver que la circulation ne commence pas dans tous les arbres dans le même temps, quoiqu'ils foient même habitans du même département : plufieurs exigent, dans le même fol, un plus grand nombre de degrés de chaleur, felon la texture phyfique de leur organifation ; le mûrier, pris pour exemple, végète plutôt que le figuier, quoiqu'ils foient l'un & l'autre dans la même expofition. Quand j'ai dit donc que les arbres des environs de l'Argentière paroiffoient végéter lorfque la température de l'athmofphère étoit au huitième degré, j'ai entendu dire feulement que la végétation commençoit à fe manifefter à cette occafion dans un grand nombre d'efpèces d'arbres, qui paroiffent fortir alors de la léthargie *hiëmale*, occafionnée par les frimats de l'hiver.

Le terme de la végétation n'eft point au même degré. La liqueur du ther-

Végét. Tom. I.   N

momètre eſt déjà à ce huitième degré
aux approches de l'hiver , que les
plantes végètent & tranſpirent encore ,
aidées ſans doute par les reſtes de la
chaleur des étés , que l'intérieur de le
terre conſerve encore dans ſon ſein ;
tandis qu'aux approches du printemps ,
le thermomètre étoit au huitième degré , la végétation commençoit ſeulement ſon cours , parce que la chaleur
de la terre encore très-refroidie par les
glaces de l'hiver , n'étoit pas en équilibre avec la chaleur extérieure de
l'athmoſphère.

136. Tout cela s'accorde même avec
l'obſervation ſuivante : *lorſque , vers les*
approches du printemps , l'athmoſphère
fait monter le thermomètre au huitième
degré , cette chaleur augmentante n'eſt
point en équilibre avec celle de l'inté-
rieur de la terre , qui eſt toujours moin-
dre que celle de l'athmoſphère ; mais
lorſque , vers les approches de l'hiver ,
l'athmoſphère , qui ſe refroidit toujours
de plus en plus , fait deſcendre l'eſprit-
de-vin ou le mercure du thermomètre

jusqu'à ce même degré ; la chaleur interne de la terre n'est pas non plus en équilibre.

De ces vérités on peut inférer que, dans les régions très-froides, la circulation des végétaux ne peut avoir lieu que lorsque la chaleur athmosphérique est plus considérable de plusieurs degrés que la chaleur interne & terrestre. Dans les pays très-froids, sur les sommets de nos plus hautes montagnes, il faut douze & quinze degrés de chaleur athmosphérique, pour déterminer les sucs à circuler. Dans ces pays, en effet, où le froid & les glaces durent huit & neuf mois de l'année, la terre est extrêmement froide, & il faut une agrégation considérable de chaleur solaire pour l'échauffer jusqu'au degré qu'on peut appeller l'*ami des plantes* ; observations confirmées dans les pays de montagnes, où, le thermomètre à la main, j'ai vu qu'il falloit plus de chaleur athmosphérique que dans le Bas-Vivarais, pour la circulation des plantes vagues.

N 2

Le mûrier, par exemple, eſt engourdi à l'Argentière dans des pays enfoncés, tant que la liqueur du thermomètre eſt au-deſſous du huitième degré ; mais quand elle eſt montée ſupérieurement, cet arbre commence à pouſſer, les ſucs circulent, les bourgeons enflent.

Tandis qu'à Antraigues, lieu le plus élevé où il ſoit cultivé, il demande dix & douze degrés, ſuivant le plus ou le moins de froid & de gelée qui a dominé pendant l'hiver.

Il ne faut pas paſſer ſous ſilence une obſervation qui tient encore aux mêmes cauſes, & qu'on explique par les mêmes raiſonnemens, toujours fondés ſur la théorie la plus ſimple de la chaleur, de ſa communication, de ſa déperdition & de ſon agrégation.

La plus grande ou la moindre durée des glaces de l'hiver antérieur eſt la cauſe du refus opiniâtre de plantes à pouſſer, quoique le ſoleil leur fourniſſe le degré néceſſaire à la végétation. Le ſein de la terre très-long temps

& plus profondement refroidi pendant
ces hivers rigoureux, abforbe, aux
approches du printemps, pendant plus
long temps, les chaleurs folaires, &
refte davantage à fe mettre en équilibre avec la chaleur externe néceffaire
à la végétation : cette obfervation emporte la folution de tous les problêmes
que préfentent les végétations printa-
nières hâtives ou retardées, qui n'obéiffent point tant à la chaleur folaire qu'à
celle qui leur eft adminiftrée par la croûte
de terre végétale. Au refte la chaleur
terreftre dont je parle eft bien différente de celle dont fe fervent les par-
tifans du feu central pour expliquer
de plus grands phénomènes du globe ;
celle-ci, conftamment la même dans
les grandes profondeurs, a moins d'influence fur la végétation, & ne fe manifefte principalement que dans des
concavités très-profondes, comme celles de l'Obfervatoire ; les plantes n'é-
tendent point leurs racines jufques dans
ces lieux enfoncés ; elles n'obéiffent
qu'à la chaleur de la croûte végétale

N 3

& extérieure de la terre, qui reçoit sa chaleur & son activité des feux du soleil; qui se congèle, quand ils sont refusés, & qui donne la mort aux plantes, lorsque cet astre, moteur de l'univers organisé, refuse le feu au sol d'où elles tirent leur fécondité.

137. Par les mêmes principes encore, on explique une suite de phénomènes analogues: on voit, 1°. pourquoi les plantes alpines que j'ai transportées dans un pays chaud, ont végété long-temps avant leurs analogues dans les pays froids;

2°. Pourquoi, dans les pays montagneux, on est obligé d'ensemencer les terres long-temps avant celles du Bas-Vivarais;

3°. Pourquoi les floraisons du même arbre arrivent, dans le Bas-Vivarais, douze ou quinze, ou dix-huit jours plutôt que dans le Haut-Vivarais;

4°. Pourquoi la maturité du grain de seigle, par exemple, arrive à l'Argentière dans le mois de Juin, & en montagne dans le mois de Septembre;

5°. Pourquoi, sur les hauteurs du Vivarais, les arbres sont sans feuilles quelquefois un mois avant que les mêmes arbres du Bas-Vivarais les perdent, ou même avant qu'ils acquièrent la jauniffe antérieure ;

6°. Pourquoi quelques plantes montagneufes que j'ai transportées dans un pays chaud, se sont conservées avec toute leur verdure, tandis que leurs analogues périffent tous les ans à Mezillac, pays froid fort élevé ;

7°. Pourquoi quatre jours de forte chaleur arrivant quelquefois en hiver, le thermomètre expofé à l'air, montant au-deffus des degrés moyens des jours printaniers : pourquoi, dis-je, la végétation des arbres n'eft pas encore fenfible, tandis qu'une nuit de gelée, qui furvient dès la première fortie des fleurs ou des feuilles, faifit fes parties nouvelles & tendres, les fait recoquiller, les brûle, & fait fouvent mourir la plante.

Tous ces phénomènes, & une infinité d'autres analogues, tiennent aux mêmes caufes ; & il faut lire ce qu'ont écrit à ce fujet MM. Duhamel & Adan-fon : ils ont fait une fuite d'expérien-ces qui conduifent aux mêmes réful-tats.

CHAPITRE VI.

L'exposition naturelle des plantes à une certaine élévation , n'est pas toujours une indice de la hauteur du terrein. Plantes vagues qui passent dans tous les climats. Hauteur perpendiculaire du climat des plantes. Variation de la limite supérieure du climat selon la direction des degrés de latitude. Stabilité & horizontalité de la limite selon la direction des degrés de longitude. Forme idéale des climats. Horizontalité des limites de l'orient au couchant. Inclinaison en arc de ce plan horizontal du sud au nord. L'idée d'un baromètre universel de Flore est chimérique. Elle annonce que les auteurs de cette idée n'ont pas connu le système des climats. Preuves.

138. D'APRÈS ces expériences, ces observations locales & comparées, il suit que la station des plantes sur divers lieux

ne peut fervir de baromètre, comme l'a cru un Auteur qui n'avoit apperçu qu'une vérité dans la Géographie des Plantes, fans fuivre toutes les poffibilités dans cette partie de la fcience des végétaux, comme il paroît par quelques raifonnemens fondés fur l'obfervation.

1°. Il eft des plantes *vagues* qui courent dans tous les climats, telle la violette, l'avoine, le bled-feigle, les pommes de terre & un grand nombre d'autres moins connues que celles - ci. Ces plantes vagabondes, qu'aucune température n'a fu fixer, ne peuvent donc point affigner par leur ftation aucune élévation réelle du fol fur le niveau de la mer.

Outre cette obfervation tirée des plantes *vagues*, il paroît, 2°. que les plantes du climat alpin defcendent la plupart de leur territoire; le fapin vient habiter quelquefois dans des terres inférieures & dans les départemens d'autrui; le melèze étend quelquefois fon domaine dans des pays voifins & la plupart des plantes alpines, fur-tout celles qui peuvent vivre dans l'obſcurité des bois, à l'abri des ardeurs ſolaires, ſe perpétuent dans le climat tempéré.

On ſait que le framboiſier ſe trouve preſque par-tout , & ainſi d'un grand nombre d'autres plantes alpines.

Il faut avouer cependant que les plantes fugaces qui outre-paſſent de la ſorte leurs climats naturels, dégénèrent bientôt , & prennent le caractère des plantes tempérées; la plupart de plantes annuelles dans le climat alpin changent de conſtitution & conſervent davantage la circulation des ſucs, ou deviennent vivaces.

Dans tous ces cas , on voit que ces plantes ne peuvent ſervir de baromètre botanique.

D'ailleurs je ſuppoſe qu'il n'exiſte aucune plante *vague*, je ſuppoſe encore que chaque plante a ſon climat ſpécial; quand je la rencontrerai dans une certaine ſtation, ſa poſition m'annoncera-t-elle le terme de ſon domaine, qui dénote l'élévation ſur le niveau de la mer ? N'eſt-il pas vrai que le parallèle de chaque

plante a une élévation de plusieurs centaines de toises ? comment reconnoître
à quel degré on se trouve dans cette
centaine, & quelle erreur dans le cal-
cul où l'on peut se tromper de cent
toises ?

Mais je suppose encore qu'on trouve
les limites de ce climat des plantes : je
veux croire, par exemple, qu'on fait
(ouvrage que personne n'a eu idée de
faire) à quel degré de hauteur finit supé-
rieurement, au-dessus du niveau de la
mer, le domaine de la vigne : comme ce
terme supérieur varie à chaque degré
de latitude, il suit que les loix du pré-
tendu baromètre de Flore varièroient
à chaque différence de vingt lieues.

Il résulte donc, 1°. qu'on n'a encore
apperçu qu'une seule vérité dans la Géographie des Plantes & qu'on n'en a point
approfondi la suite des phénomènes qui
font cependant liés respectivement.

Il résulte, 2°. qu'une montagne de
la Suède, par exemple, élevée de
cinq cents toises sur le niveau de la mer,
étant moins chaude qu'une montagne

de la France de même élévation, doit nourrir des plantes différentes : les plantes ne font donc pas un baromètre universel de tous les climats.

Il réfulte, 3°. que le terme du climat de toutes les plantes poffibles eft une furface plane, exiftant idéalement dans l'athmofphère, plus ou moins haute felon le befoin divers de chaleur athmofphérique, laquelle ligne ou limite, toujours horizontale dans la direction des longitudes, eft inclinée en arc vers le nord.

Il réfulte, 4°. que cette furface imaginaire coupe toutes les montagnes qui furpaffent fa hauteur, & du haut defquelles j'ai conçu la limite tracée pour ainfi dire horizontalement fur plufieurs montagnes à la même élévation.

La hauteur des climats des plantes varie donc, comme les climats du globe terreftre. Une montagne du Vivarais élevée de huit cents toifes au-deffus du niveau de la mer jouit d'une plus grande chaleur en été qu'une montagne de la Suède élevée auffi de huit cents toifes

au-deffus du même niveau , & cette
différence de climats , malgré l'égalité
d'élévation, dépend, comme l'on voit, de
la pofition méridionale de la montagne
du Vivarais, qui eft entourée de plaines
brûlantes, tandis que celle de la Suède
eft fous un parallèle du Nord où règnent
le froid & les glaces , felon l'économie
générale des faifons de cette contrée
du globe qu'on connoît. Cette vérité
eft fi conftante dans l'ordre général de
la nature, qu'on voit plufieurs montagnes
méridionales efpagnoles , couvertes de
neige jufqu'au mois de Mai ; tandis que
d'autres montagnes de la Suiffe de même
élévation que les précédentes , confer-
vent leurs neiges pendant toute l'année.

Le fyftême de Botanique par climat
doit donc être entendu avec poids &
mefure , les plantes étant fujettes à des
variations occafionnées par tant de caufes diverfes.

CHAPITRE VII.

Preuves de la Géographie physique des Plantes. Description de la Carte géographique, qui représente la disposition naturelle des plantes. Vue des divers climats qui en résultent. Explication de cette Carte. Voyage botanique depuis le sommet du Mezin jusqu'au pied des montagnes vivaroises. Description du premier & du plus élevé des climats sur le plateau des montagnes alpines. Le mont Mezin. Ses plantes alpines. Plateau supérieur alpin environné de précipices. Cerisier qui sort de son climat, pour végéter sans fructifier sur ce plateau supérieur. Observations sur ce phénomène.

139. COMME je suis descendu très-souvent des hauteurs de nos montagnes, vers Avignon, dont le climat est très-chaud & voisin du climat de Provence,

& comme dans ces voyages j'ai toujours
paſſé d'un lieu plus élevé vers un lieu
moins élevé , j'ai pu voir aiſément la
ſucceſſion des climats dont je viens
d'établir & la théorie & les loix.

Je préſente donc ce chapitre comme
les preuves , ou les pièces juſtificatives
de tout ce que j'ai écrit juſqu'à préſent
ſur cet objet ; & pour montrer qu'à
meſure que le ſol s'élève verticalement,
l'ordre des végétaux varie comme je
l'ai dit, je choiſis un terrein qui, depuis la ſource des fleuves juſqu'à la mer,
s'incline conſtamment ſans aucune interruption.

Les eaux courantes ſont les véritables
inſtrumens que la nature nous préſente , pour nous offrir ce terrein qui va
par-tout en pente, j'ai donc choiſi le
cours d'une rivière qui donnera le terrein
qui eſt la baſe de mes obſervations ſur
la Géographie phyſique des végétaux.

Et afin que ce terrein pût être aiſément compris & repréſenté dans une
Carte de Géographie, j'ai ſuivi le cours
de la rivière du Volant qui ſe jette
dans

dans l'Ardèche, & une partie de l'Ardèche qui tombe dans le Rhône : &
comme la rivière du Volant & celle
d'Ardèche jusques vers Balazuc, ont peu
de sinuosités, j'ai pu exprimer aisément
sur ma Carte, dans cette ligne droite de
terrein qui s'élève vers le ciel & descend
vers la mer, l'ordre réciproque des départemens des végétaux.

La rivière du Volant part d'un plateau supérieur de montagnes à-peu-près
horizontal. J'ai compris dans ma Carte
ce plateau supérieur, parce que le syf-
tême des arbres alpins s'y développe
aisément.

Enfin je n'ai pas continué ma Carte
jusqu'au bord de la mer, ni jusqu'au
climat des orangers, parce qu'il eût
fallu comprendre dans cette Carte, une
étendue de pays trop vaste & inutile ;
il suffit d'avoir inséré dans cette Carte
les quatre climats supérieurs, pour
connoître parfaitement le jeu de la nature dans la distribution des plantes &
dans la superposition ou l'entrelacement
de leurs départemens.

Végét. Tom. I.   O

140. Le mont Mezin eſt le lieu le plus élevé non ſeulement du Vivarais, mais encore de toutes les hauteurs, plateaux & pics voiſins de la chaîne de montagnes cévenoles qui ſe propagent des Pyrénées, vers le Nord de la France.

Le mont Mezin repréſenté vers le haut de ma Carte, eſt aſſis ſur le plateau ſupérieur de la chaîne qui eſt ſon véritable fondement, en ſorte qu'il peut être appellé, *montagne ſur haute montagne.*

Le mont Mezin eſt véritablement une montagne alpine. Il n'y croît que quelques arbuſtes ; les grands arbres ſont au-deſſous, & il eſt environné de toutes les familles de plantes alpines qui peuvent ſupporter huit ou neuf mois de glaces, bourgeonner, croître, fleurir, reproduire des ſemences & les mûrir dans les trois autres mois reſtans de chaleur & de terre découverte.

141. On a trouvé ſur le mont Mezin les ſaules nains rampans, les caryophyl-

lées mineures, l'uva urci en abondance, & les autres plantes des climats alpins, décrites par Haller, dans son Histoire des Plantes de la Suisse ; & il est vraisemblable que M. le Chevalier de la Mark, de l'Académie des Sciences, qui a voyagé sur les monts d'Or en Auvergne, retrouvera les analogues sur cette montagne : les monts d'Or & le mont Mezin sont non seulement dans le véritable climat alpin ; mais celui-ci & les premiers sont volcanisés ; circonstance qui, outre l'influence première du climat, attire les mêmes familles dans ce lieu, & leur permet de vivre sur des terreins si analogues.

M. Adanson a trouvé sur le mont Mezin, dans son dernier voyage, soixante-quinze plantes alpines des plus rares.

Le plateau supérieur de montagnes, sur lequel est assis le mont Mezin, est d'une vaste étendue, presque horizontal, un peu incliné du couchant vers l'orient, c'est-à-dire penché vers la Méditerranée & vers le Rhône, où tom-

bent les eaux de cette pente. Ce plateau eſt creuſé de vallées, & la Char-
treuſe de Bonne-Foi eſt dans un de ces
enfoncemens : on trouve ſur le plateau
le Gerbier-de-joncs d'où ſort la Loire,
Sainte-Eulalie, Uſclades, Sagnes, le
bois de Cuſe, Lachamp-Raphaël, Mezillac.

142. Ce plateau ſupérieur des montagnes vivaroiſes eſt bien digne de remarques : il eſt environné de précipices preſque perpendiculaires, que les Ingénieurs
Géographes, envoyés par MM. de l'Académie des Sciences, n'ont point aſſez
bien exprimés, tandis qu'on trouve dans
la même Carte de petits ravins avec de
plus fortes hachures.

Ces précipices commencent à l'o-
rient du mont Mezin ; ils continuent
vers le Gerbier-de-joncs, vers Mezillac,
& tout le long du bois de Cuſe, dont
le terrein élevé finit à l'orient par une
chûte de terrein entièrement verticale,
juſqu'au milieu du penchant de la montagne qui devient plus inclinée.

Cette direction de précipices continue vers le midi jufqu'au-deffus du château de la Baftide , qui paroît perdu dans un bas-fond des plus pittorefques , lorfqu'on le confidère des hauteurs : tandis que les roches de ces précipices apperçus du château, paroiffent fe perdre dans les nues.

Les mêmes précipices , toujours perpendiculaires , ou très-inclinés à l'horizon , fe continuent dans la chaîne latérale de montagnes qui part de ce plateau fupérieur horizontal vers Mezillac , & vient s'anoftomofer aux monts Coiron, environnés eux-mêmes de précipices femblables; ce qui forme un fyftême de montagnes qui vous préfentent de tous côtés les plus magnifiques horreurs de la nature.

C'eft fur ce plateau fupérieur , ainfi environné de chûtes perpendiculaires de terrein, que fe trouve le climat froid d'arbres alpins.

Le fol eft jonché d'un magnifique tapis de verdure que les neiges couvrent pendant la plus grande partie de l'année : on y trouve les fapins de mon-

O 3

tagnes, les mélèzes, le framboisier, le hêtre, l'airelle, &c. &c.

143. Parmi les légumes, le seigle en est le principal qui y soit cultivé avec succès : le froment ne peut y vivre, il est fait pour un autre climat, & pour d'autres sortes de terreins; les plantes des hauteurs du Mezin s'y trouvent encore. Les pommes de terre, principale nourriture du peuple, y sont abondantes; l'avoine, l'orge, les raves & les fèves de montagne, les pois y réussissent au mieux. On ne voit dans ce climat ni arbre fruitier, ni vigne, ni aucun des fruits sucrés des pays chauds; un petit nombre de familles, & peu d'individus annoncent la langueur de la végétation dans cette terre, si long temps perdue sous les glaces; & les fruits qu'on y mange viennent du fond des vallées inférieures qui, partant de ce plateau supérieur, & commençant ou par une crevasse, ou par une vallée ou puy, s'étendent & descendent inférieurement où se trouve un autre climat plus salutaire & plus végétal.

144. Dom Patouillot, Religieux Bernardin, que j'ai rencontré fouvent dans mes voyages, étudiant la nature fi intéreffante fur les fommets, m'a dit qu'on avoit cependant confervé long-temps dans les environs de l'Abbaye des Chambons, & dans un lieu qui eft prefque auffi froid que le plateau fupérieur dont je parle, un cerifier; mais qu'il ne donna qu'une feule fois des fruits; ce qui préfente un véritable phénomène pour le climat alpin : ces cerifes ne purent jamais parvenir à une maturité parfaite, elles parurent, vers la fin de Septembre feulement, dans un état de demi-accroiffement, mais elles furent furprifes par les glaces, en forte qu'elles fe détachèrent de l'arbre, encore vertes, l'athmofphère n'ayant pas donné à la terre de ce climat un nombre fuffifant de degrés de chaleur pour l'entière & parfaite maturité : or, comme il faut bien moins de degrés de chaleur pour conferver l'arbre en feuilles, que pour en avoir le fruit, il fuit que le climat

O 4

alpin a pu préfenter des cerifiers fans cerifes.

145. D'ailleurs le cerifier peut paffer l'hiver dans ces climats fupérieurs & glacés plus aifément que les autres arbres fruitiers ; en effet fi des fucs réfineux réfiftent davantage à la glace hiémale ; fi les arbres, à poix & à réfine, ne perdent pas même leurs feuilles pendant l'hiver, comme le fapin & autres arbres conifères des Alpes, à caufe de la nature huileufe de ce fuc réfineux fur laquelle le froid ne peut agir, comme fur les fucs aqueux des autres arbres, il fuit néceffairement que le cerifier ayant des fucs gluans & analogues à la réfine, doit réfifter davantage au froid : or on fait que telle eft la nature des fucs qui circulent dans cet arbre ; ces fucs paroiffent au-dehors, lorfqu'on fait une légère entaille ; le cerifier peut donc réfifter aux frimats des Chambons, mais il ne lui eft pas donné d'y mûrir fon fruit.

CHAPITRE VIII.

*Suite de l'explication de la Carte de Bota-
nique. Du climat des châtaigniers ;
athmosphère plus douce ; influence de
ce nouveau climat sur les hommes &
sur tous les êtres organisés ; arbres
fruitiers ; habitans du même climat ;
description de la ligne horizontale inférieure qui sert de démarcation aux
châtaigniers.*

146. Nous avons décrit l'état de la
nature sur le plateau supérieur des montagnes vivaroises , nous avons vu que
les plantes vigoureuses & hâtives dans
leurs fonctions vitales , peuvent sup-
porter les frimats , croître , germer &
féconder leurs graines dans un petit
espace de temps; nous avons représenté
cette suite de phénomènes voisins dans
la Carte botanique ci-jointe, la première
qu'on ait dressée dans ce genre , depuis

qu'on cultive la science des végétaux; Carte qu'il faut avoir sous les yeux en parcourant ce chapitre.

147. En descendant du bois de Cuse, vers la Viole, près d'Antraigues, & en passant par Mezillac, on parcourt une immense vallée représentée dans la même Carte ; elle est circonscrite du couchant, par les précipices du bois de Cuse , & de l'orient par une chaîne granitique latérale. Quand on a parcouru un peu plus de la moitié du chemin entre Mezillac & la Viole, dans un lieu près de la *Pausodouire*, se trouve tout-à-coup un nouveau monde. On voit des châtaigniers & des arbres fruitiers: c'est un nouvel ordre de choses qui succède au système supérieur ; les habits d'hiver deviennent pesans , le mercure du baromètre & la liqueur du thermomètre montent plus haut ; celui-là par l'accroissement du poids de l'air , & celui-ci par l'augmentation de la chaleur athmosphérique.

Ici dans une ligne sans détours & sans sinuosités , commence le climat inférieur des châtaigniers. Les hommes y paroiffent plus civilifés : fupérieurement le peuple montagnard fe nourrit d'un pain de feigle d'un noir foncé & dégoûtant ; ce peuple malheureux, fi digne de la commifération du Miniftère, à caufe de fa pauvreté, de fes bonnes mœurs, de la fécondité des femmes, de la fidélité actuelle envers fon Roi, & de la tranquillité de fon ame, autrefois fi tourmentée par le démon du fanatifme qui enfanglanta les montagnes innocentes, mérite bien un chapitre fpécial dans l'hiftoire naturelle de l'homme civilifé.

148. Mais dans cet autre climat inférieur & un peu plus fortuné, le peuple trouve un autre genre d'aliment ; le châtaignier fournit une nourriture abondante, fucculente, & amie de l'eftomac de ces bonnes gens ; les hommes y font plus gras, leurs vifages font plus colorés, les femmes plus belles & moins agreftes, & on apperçoit plus fouvent dans le vifage des jeunes filles de ces campagnes, la véritable beauté

de la nature : enfin le montagnard commence ici à dégénérer, il est moins dispos, moins alerte, moins bien fait, moins grand, & les belles formes du corps s'effacent peu-à-peu, pour ne donner enfin, dans les villages, des bas-fonds & des plaines inférieures, que des statures, des formes & des figures ordinaires. (*Voyez ci - après l'Histoire naturelle du Montagnard , quatrième partie*).

149. Le climat du châtaignier s'étend exclusivement jusqu'au-dessous d'Antraigues ; cet arbre, dans cet espace de terrein, ne végète qu'avec quelques arbres fruitiers ; mais au-dessous il se trouve avec la vigne ; il continue avec elle à se propager inférieurement , mais il finit où le sol sabloneux devient calcaire.

150. Le châtaignier, avant de toucher au domaine de la vigne, trouve toujours à ses côtés, des noyers, des pommiers, des cerisiers, quelques pêchers ; mais la pêche de Paris, qui nous vient de Perse, ne peut y vivre, & tous les

fruits à noyaux ou à pepins, font peu agréables au goût ; ils font aqueux, aigres, ou infipides dans leur plus grande maturité particulière à ce climat.

151. Ce climat des châtaigniers occupe en Vivarois un fol fabloneux incliné, & il finit avec le terrein granitique ; car le terrein calcaire eft occupé par les vignes, comme nous le dirons dans le chapitre de la Géographie des Plantes, où nous verrons les végétaux diftribués non par climats, mais félon la nature des terres.

152. Dans le climat des châtaigniers, exprimé dans la Carte botanique ci-jointe, on trouve la Viole d'Antraigues, Antraigues, Afprejoc, Vals, Ucel, Mercuer, Aubenas, &c.

Aubenas eft la limite inférieure non du climat des châtaigniers, mais des lieux cultivés pour des châtaigniers ; cette limite ultérieure s'étend vers Saint-Etienne de Fombellon, la Chapelle, Vinezac, Chaffiers, l'Argentière, le Pont de Montréal, le domaine des Chartreux, Rozieres, Joyeufe, &c. &c.

en forte que, fuivant le chemin de tous
ces lieux vers Aubenas , vous voyez à
votre gauche de magnifiques forêts de
châtaigniers , & à droite des vignes.
Le chemin eft à-peu-près la ligne de
démarcation qui fépare les terreins à
châtaigniers des vignobles.

CHAPITRE IX.

Continuation de l'explication de la Carte de la Géographie des Plantes. Voyage dans le climat de la vigne. Sa limite supérieure. Censives seigneuriales, en pot-de-vin établies dès le quatorzième siècle sur des terres situées aujourd'hui hors de la limite du climat des vignobles. Le mûrier suit la vigne dans le même département. Sa limite supérieure est un peu plus élevée. Limites de la vigne en zig-zag sur la même ligne à-peu-près horizontale. Angles saillans de ces zig-zags sur les chaînes latérales des montagnes cévenoles & vivaroises ; &c. Angles rentrans dans les vallées intermédiaires. Limites de la vigne dans les vallées de Vessaux, d'Asprejoc, de Burzet, de Thueitz ; Saint-Melany. Erreurs sur le baromètre de Flore confirmée par le fait.

153. APRÈS cette superposition du climat supérieur & alpin, après celui

du châtaignier, vient le climat de la vigne : il commence un peu au-deſſous d'Antraigues, où ſe trouvent les vignes les plus élevées de la Province. Sur le penchant inférieur de la montagne de coupe, eſt une belle vigne, où j'ai pluſieurs fois mangé quelques raiſins, quoique le vin, de ce climat ſupérieur & extrême de la vigne ne ſoit pas potable.

154. Ayant demandé à **M. Vigne**, Féodiſte très-expérimenté dans ce pays-là, une note des cenſives en vin, que les propriétaires paient tous les ans au Comte d'Antraigues ou aux autres Seigneurs ; il réſulte que, dès le quatorzième ſiècle, on paie tant de pots-de-vin pour tant d'arpens de terre : c'eſt une rente ſeigneuriale d'un terrein qui ne peut nourrir aujourd'hui le raiſin. Le beau pré qui eſt à côté du moulin à papier, & qui m'a long-temps appartenu, de même qu'à mon père, à mon aïeul & à mon biſaïeul, paie encore tous les ans une cenſive de vin : elle a été payée de temps immémorial ; il

eſt

eſt avéré cependant par mes fréquentes obſervations, que ce ſol eſt trop froid aujourd'hui pour donner des raiſins mûrs : les raiſins que nous mangeons à Antraigues ne peut y mûrir que dans un jardin à l'abri , & dans une terre préparée ; encore ne parvient-il jamais à ce degré de maturité , qui eſt néceſſaire pour faire du vin potable.

155. Il fut donc un temps, pendant lequel la vigne mûriſſoit ſes fruits hors de la borne ſupérieure du climat actuel qu'elle occupe. Et ce temps n'eſt pas même bien ancien , puiſque dans le quatorzième ſiècle , il y avoit des vignes cultivées en grand, payant des cenſives en pot-de-vin , pour un ſol où la vigne ne peut nourrir aujourd'hui des raiſins propres à faire du vin potable. Le climat de la vigne paroît donc reculé.

Il faut même obſerver , pour la confirmation de ce fait nouveau , que le vin qu'on tire des terres inférieures, & d'un ſol un peu plus échauffé, n'eſt point encore préſentable M. le Comte d'Antraigues & M. de Fabrias , à qui on

doit les cenfives de ces vignes fupérieures, n'ayant jamais pu tirer parti
de ces vins, comme leurs aïeux ou prédéceffeurs, qui imposèrent ces rentes
fur les terres qu'ils diftribuoient à leurs
vaffaux.

156. Le climat de la vigne qui nous
offre, vers fes limites fupérieures, ces
phénomènes nouveaux & finguliers,
s'étend jufqu'au bord de la mer, & dans
les climats les plus chauds : plus il defcend & s'approche de la chaleur, moins
le vin eft acide ; & il reçoit même des
qualités différentes dans divers terreins.
La vigne eft toûjours avoifinée du figuier, du noyer & des arbres à fruits
fucrés, à pepin ou à noyaux.

157. On trouve dans ce nouveau
climat des vignes, Afprejoc, Vals,
Mercuer, Aubenas : mais il faut obferver qu'il eft entrelacé avec le climat des châtaigniers, qui fe prolonge
encore inférieurement.

158. Le mûrier accompagne par-tout la
vigne. Son climat monte même un peu
plus haut qu'elle, entrant ainfi dans le dé-

partement des châtaigniers. Antraigues
situé dans un lieu où la vigne ne donne
que des raisins peu mûrs, lors même
qu'elle est bien abritée & dans des jardins, nourrit encore des châtaigniers ;
& dans le Village il se fait trois ou
quatre chambrées de cocons : mais les
limites des mûriers est fixée un peu au-
dessus d'Antraigues ; cet arbre n'a pas
même dans ce lieu, la grosseur qu'il
acquiert dans nos Provinces méridionales : il est délicat, il demande beaucoup de fumier, & souffre dans cette
extrémité de son département. Les limites du climat de la vigne qui se trouvent un peu au-dessous d'Antraigues,
où est la dernière vigne cultivée pour
recueillir du vin, forment une ligne
horizontale dans tout le Vivarais, &
tout le long de la côte inférieure des
montagnes cévenoles.

159. Si cette chaîne de montagnes,
qui courent du Sud au Nord, finissoit
en Orient par une pente uniforme,
cette limite idéale du climat de la vigne
seroit à-peu-près horizontale; mais cette

grande chaîne qui se propage du Sud au Nord, envoie des chaînes subalternes & latérales qui vont en pente ; ces chaînes inférieures sont séparées par de profondes vallées : or cet ordre des choses forme dans les limites de tous les climats, des séparations quasi horizontales à la vérité, mais qui forment des zig-zags ou des angles saillans avec les montagnes & rentrans dans les terres profondes ou vallées; en sorte qu'on voit du haut de quelque pic très-élevé, la lisière horizontale des dernières vignes, s'avancer dans une vallée toujours avec les mêmes niveaux, vers la partie de la montagne, & reculer ensuite dans la vallée voisine, & conservant par-tout une exacte horizontalité.

160. Ainsi cette belle & immense vallée qui vous mène de Vessaux à Lescrinet, vous offre une suite de vignes riantes sur la pente des monts Coiron, qui est prolongée sans interruption, jusqu'à mi-chemin; la rampe de la montagne offre même un spectacle des plus pittoresques : mais vers le domaine du

Pradal, l'espèce de la vigne dépérit &
n'est plus cultivée, parce qu'ici commence le climat froid plus supportable
pour d'autres plantes.

161. Je dois à Madame de Lille, mon
institutrice & ma tante, les premières
idées des climats; mais c'est sous Lescrinet que j'ai posé, en 1774, les premiers fondemens de ma géographie physique du règne végétal. Ma mère me con-
duisoit alors dans le pays de montagnes
pour y rétablir, à l'aide de l'air frais de
ces hauteurs, une santé délabrée &
désespérée : elle me montroit la succession réciproque des climats, & me
faisoit observer la distance respective
de leurs limites. Penché sur son sein,
languissant & fatigué, elle me les of-
froit en détail, comme on présente au
voyageur accablé de lassitude, des bornes milliaires qui lui annoncent le voisinage de la Ville.

162. Nous vîmes donc passer sous nos
yeux en montant, le règne des arbres
fruitiers, le département supérieur des
vignes, l'extinction de cette famille de

P 3

plantes , la continuation des châtaigniers , & enfin le climat supérieur de
Gourdon & de Mezillac, d'où sont
chassés au loin les fruits succulens , pour
ne donner que les productions des frimats : il *nous reste encore la moitié du
chemin*, me disoit elle ; *la ligne de démarcation naturelle, qui sépare la vigne
des plantes des montagnes , en est le
signal mitoyen ; encore quelques momens,
& vous respirerez cet air pur & frais des
lieux élevés , qui doit ranimer vos forces.*

L'idiot ou le voyageur indifférent ,
ferment les yeux à cette succession de
merveilles. Mourant entre les bras d'une
mère , elle soutenoit mon ame prête à
s'échapper : de grandes observations
présentées simplement sembloient la
ranimer & lui donner des forces : elle
les ménageoit, parce qu'elles faisoient
impression : elle les développoit peu-à-
peu : elle rappelloit à la vie , par de
nouvelles idées sur la marche de la nature , des sens assoupis & mourans, que
l'étude de la nature avoit abattus.

Agréez donc aujourd'hui , LA PLUS

TENDRE DES MÈRES, ET VOUS MA CHÈRE INSTITUTRICE, le fruit de vos leçons : recevez cet ouvrage , ce développement des vérités primordiales que vous m'avez apprises, & puissé-je pratiquer également les leçons de la vertu que vous m'avez données ! Étudiez toujours cet humble animal, ce ver à soie curieux qui enrichit nos campagnes, & qui leur donne le superflu des riches habitans des capitales ; que votre œil observateur contemple ses métamorphoses , & dévoilez-nous les secrets qui font réussir l'éducation de ce précieux animal (1).

---

(1) Ma mère s'occupe depuis un grand nombre d'années à observer les vers à soie , encore si peu connus ; je sais que sa méthode , très-simple , lui a appris à les élever d'une manière peu différente de l'éducation naturelle de ces vers , dans leur climat originaire : & comme tous ses essais lui ont réussi , dans les années même où les entreprises de cocons ont été infructueuses, j'exposerai sa méthode toute simple dans l'Histoire naturelle des animaux , de même que l'art de gouverner les soies depuis le moment que le ver quitte son cocon , jusqu'à celui où la soie entre dans les Fabriques de M. de Vaucanson , à Aubenas en Vivarais.

163. Tel est donc l'ordre des limites de la vigne, dans la vallée située entre Lescrinet & Vessaux : à la même hauteur, la vallée de Saint - Andeol-de-Bourlenc, offre le même passage d'un climat à l'autre.

A Asprejoc, les vignes finissent au même niveau.

Dans la vallée de Burzet les vignes conduisent leur climat jusqu'au domaine de la Vallette.

Dans la vallée de Thueitz, ce village est lui-même voisin de la limite.

Dans les vallées de Saint-Mélany, elles finissent à Sablieres & à Domnac. En sorte que ces limites diverses du climat de la vigne, annoncent des terreins à-peu-près horizontaux dans chacune de ces stations, & des zig-zags également horizontaux dans la ligne idéale qui sépare le climat des vignes du climat supérieur.

Ces observations locales démontrent donc bien clairement l'erreur de tous ceux qui ont cru que la rencontre de telle espèce de plantes pourroit servir de baromètre; ce n'est point cette rencontre qui peut être de quelque utilité dans cet objet, mais leurs limites. Or leurs limites qui, dans la plupart des familles, commencent au bord de la Méditerranée, & finissent deux ou trois cents toises plus haut, sont placées dans des lieux trop éloignés les uns au-dessus des autres, pour être la mesure de la distance verticale d'un point indivisible dont on veut connoître l'élévation au-dessus du niveau de la mer : ce qui démontre l'erreur, & fait connoître qu'on n'a point saisi le système du climat des plantes.

CHAPITRE X.

Suite de l'explication de la Carte & des observations sur les climats. Limite supérieure des oliviers sous Aubenas. Nouvelle vie dans cette région inférieure. Multiplication des familles de plusieurs autres plantes. Les fruits acides changés ici en fruits sucrés. Huile. Stérilité de l'espèce des oliviers au-dessus de la barrière supérieure de son climat. Distinction entre la vitalité de l'individu hors de son climat, & la fertilité de l'espèce dans le climat. Etat de l'olivier dans les bornes supérieures de son domaine naturel.

164. L E climat de la vigne qui a occasionné toutes ces digressions, s'étend toujours du haut des montagnes qui la nourrissent vers la plaine du Rhône; & dans notre Carte, que nous expli-

quons, il s'étend depuis le voifinage d'Antraigues jufqu'à Aubenas, & inférieurement. Le fond de la gravure n'exprime pas tout le département des vignes, qui continue jufqu'à la mer, il paffe en Efpagne, en Afrique, & fous la ligne, dans les climats les plus chauds du globe terreftre, où la vigne donne toujours de plus en plus un vin plus violent, à mefure que le climat eft expofé à de plus fortes chaleurs; mais au-deffous d'Aubenas, commence un nouveau département, celui des oliviers, qui deviennent fertiles, dans une vallée dite *Saint - Martin - des - Olives*, dans la Paroiffe de Saint-Etienne-de-Fombellon fous Aubenas.

Ici le fol, dont la pente avoit été fi rapide depuis Merillac jufqu'à Vals, devient peu incliné jufqu'à la Méditerranée; il eft changé en calcaire de granitique ou fabloneux qu'il étoit. De nouvelles productions fuccèdent aux précédentes; le peuple y devient plus riche & plus heureux; il fe nourrit mieux : les végétaux font plus aboudans & plus variés; les fruits font devenus fucrés; le froment y eft cultivé, les plantes peuvent y former l'huile; tandis que fur les hauteurs tout étoit âpre ou acide: c'eft une nouvelle terre & un nouvel ordre de chofes; on voit des hommes différens; les mœurs changent, & on eft étonné de la multiplication de tant d'objets nouveaux.

165. Il faut obferver cependant que l'olivier peut vivre au-deffus de cette borne fupérieure que j'ai affignée à fon département; j'ai trouvé des oliviers, même à Antraigues, dans le climat qui appartient au châtaignier exclufivement; & M. Gamond, Notaire dans cette Paroiffe, en conferve un dans fon jardin : mais cet arbre n'eft point fertile, dans ce lieu étranger à fa race; il y refte nain comme au Jardin du Roi, à Paris; il y eft impuiffant; & femblable au cerifier du plateau fupérieur des montagnes alpines ou des Chambons, il n'a jamais donné des fruits au cultivateur; où, femblable aux plantes de la zône torride qu'on porte à Paris, & qui y de-

viennent impuiffantes, l'individu une
fois mort, on ne doit plus attendre la
poftérité de la plante.

166. J'ai donc fuivi le plan de la
nature, en affignant les limites de mes
départemens, non fur la vitalité de la
plante, mais fur fa fertilité. L'homme
peut dénaturer une plante, il peut la
forcer à végéter dans des athmofphères
étrangères ; le feul climat naturel de
la plante eft celui où elle eft fertile,
où l'efpèce peut y régner fans danger
dextinction. Un individu n'eft rien dans
la nature, il n'eft que de boue & il
périt, mais les efpèces font le grand
tout de la nature, fes feules colonnes,
& les fondemens de fa jeuneffe perpétuelle.

167. Le climat de l'olivier, comme
celui de toutes les plantes, commence
donc où efpèce eft fertile, & où elle
règne fans effort comme fans con-
trainte.

L'olivier eft de petite ftature ; il eft
délicat, & il demande bien des foins,
vers les limites fupérieures de fon do-

maine, pour donner de bonnes olives au cultivateur. Il trouve toujours à ſes côtés le figuier qui l'avoiſine par - tout où il vit ; le climat du figuier qui donne la petite figue, finit même où ſe termine le département de l'olivier.

CHAPITRE XI.

Continuation du même sujet. Du climat des orangers. Plantes africaines & espagnoles, &c, en Provence. Récapitulation des climats. Des climats entrelacés qui entrent les uns dans les autres. De la transmigration des Plantes alpines. Climats entrelacés dans l'ordre ascendant. Climats entrelacés dans l'ordre descendant. Distinction nécessaire entre la fertilité de l'espèce dans l'ordre des végétaux, & la vitalité de l'individu ; la fertilité de l'individu, aidée par une chaleur artificielle, ne peut reculer le climat.

168. TOUTES les productions d'huile & de fruits sucrés se prolongent dans tout le Bas-Languedoc, dans le Comtat & dans la Basse-Provence : ici commence dans des lieux privilégiés une famille d'arbres africains, les orangers ; ils se

trouvent encore en Portugal, en Eſpagne, à Malte; mais les bornes ſupérieures
de leur climat eſt en Provence, où, à
l'aide des remparts que les Alpes préſentent au vent du nord, & dans des gîtes
heureux & ménagés, végète l'arbre précieux qui fait ſeul l'éloge de la Baſſe-
Provence. Or on trouve toujours dans
le même climat des plantes africaines,
portugaiſes, eſpagnoles ou maltoiſes
qui avoiſinent la famille des orangers.

Telle eſt la ſérie de preuves établies
par le fait que je donne à ma théorie
& à mes principes ſur la Géographie
des Plantes. Nous avons vu ces climats ſuperpoſés, il ne reſte plus qu'à
conſidérer les entrelacemens, en re-
prenant les départemens depuis les hauteurs juſques vers le pied de nos montagnes, & enſuite les entrelacemens de
l'ordre inverſe.

En général les plantes alpines peuvent tranſmigrer dans d'autres climats;
le ſapin, & même le ſapin des montagnes, peut vivre dans les départemens
inférieurs; mais il ne prend ſon parfait
accroiſſement,

accroiſſement, il ne parvient à cent vingt ou cent cinquante pieds d'éléva‑ tion, que dans le climat alpin, ſon vrai climat, ſon pays naturel & origi‑ naire dont il deſcend.

Le châtaignier peut même être cul‑ tivé dans les pays chauds ; mais il dé‑ génère, & ne donne que du fruit très‑ petit, lorſqu'il n'eſt pas dans un ſol léger & ſabloneux, ou quand le climat eſt trop chaud ; en ſorte que c'eſt un des arbres qui tient beaucoup plus à la nature qu'à la température du ſol, comme je le dirai ci‑après. Son départe‑ ment eſt ainſi entrelacé avec celui de la vigne, & celui de la vigne, avec celui des oliviers qui ſont compagnons des orangers en Provence.

169. En conſidérant l'ordre inverſe & la progreſſion aſcendante des cli‑ mats, on voit que le climat des oran‑ gers occupe une partie du climat des oliviers ; celui des oliviers entre dans le climat des vignes, celui des vignes dans le climat des châtaigniers ; mais celui des châtaigniers & celui des arbres

Végét. Tom. I. Q

à fruits sucrés finit tout-à-coup sans nuances & sans diversion, vers le passage dans le climat alpin du plateau supérieur.

Il résulte que les climats naturels finissent avec la *fertilité* de l'espèce, car la *vitalité* de l'individu est prolongée quelquefois très-loin dans des climats étrangers : ainsi le cerisier vit à l'Abbaye de Chambon, & l'olivier dans le jardin de M. Gamond à Antraigues.

Il résulte enfin que, même la *fertilité* de l'individu peut être étendue hors des limites du climat, quand cet individu est abrité, échauffé par l'attouchement de la plante ou de ses racines avec les murs des maisons habitées : alors ce n'est pas un feu naturel qui mûrit les fruits, mais un feu factice, comme il arrive dans les serres. Ainsi la vigne mûrit ses raisins dans le jardin du Curé à Antraigues, & dans celui de M. Gamond, & même plus haut encore ; tandis que les limites véritables des vignes qui croissent & mûrissent par la seule chaleur libre, constante & athmosphérique, sont établies inférieurement.

CHAPITRE XI.

De la température des climats des plan-
tes : rigueur du froid sur le climat
alpin. Vents violens. Principe des
orages pendant le calme. Mesures ther-
mométriques sur le plateau supérieur
des montagnes vivaroises. Phénomènes
de diverses liqueurs pendant les plus
fortes gelées. Mesures thermométriques
dans le climat moyen inférieur. Me-
sures & variations dans le climat de
Provence.

170. APRÈS avoir philosophé sur la
théorie de la Géographie physique des
Plantes, il nous reste à parler de la
température de ces climats divers. Rien
n'est plus affreux que la peinture que
nous font les habitans des plateaux supérieurs de nos montagnes, de la froideur
de leur climat. Quand en été le soleil du
matin est assez puissant pour élever les
vapeurs des pluies, des rosées, ou

même l'humidité de la terre, & qu'il ne fait pas des vents, cette afcenfion des vapeurs prépare pour le foir un orage des plus effrayans.

171. En hiver le thermomètre de Réaumur defcend jufqu'à quinze degrés au-deffous de la glace, & quinze jours après il eft encore ftable dans ce degré, felon les obfervations de Dom Maignal, Prieur de la Chartreufe de Bonne-Foi (*lettre du 14 Mars 1780*), & d'après celles de Dom Boufquier, Vicaire.

172. Or il faut obferver une vérité bien digne de remarque dans l'Hiftoire des Météores, c'eft que la liqueur du thermomètre a toujours été moins baffe de deux degrés à fix heures du matin qu'à minuit; l'expérience de tout l'hiver a confirmé ce fait dans ce climat froid, Dom Boufquier ayant foin de faire fes obfervations météorologiques à minuit, avant d'aller à l'Office. Obfervations précieufes dont nous donnerons les réfultats dans nos Mémoires météorologiques.

173. D'après ces obfervations, on

conçoit aifément qu'il ne peut tomber, fur la furface de cette terre élevée (qui eft pendant huit mois de l'année la région de la glace) que de la neige ou de la grêle. La neige y eft de la groffeur des grains de farine, & la grêle comme le grefil ou le fable fuperfin; rarement la neige tombe à flocons, comme dans les pays chauds, & jamais perpendiculairement. Les vents fi impétueux fur les hauteurs, la ramaffent dans les vallées; le plateau fupérieur eft balayé; lès vallons en font remplis, jufqu'à la hauteur de foixante & même quatre-vingt pieds, jufqu'à ce que les chaleurs caniculaires, & fur-tout les pluies fondantes du vent auftral, mettent en fufion ces amas de neige accumulés qui produifent dans leur fonte des ravages les plus affreux.

174. Quand la liqueur du thermomètre eft à quatorze ou quinze degrés, & qu'elle s'y foutient long-temps, les liqueurs diverfes offrent de finguliers phénomènes. Au fein d'un vafe d'eau gommée fe forment d'arbres de *Diane* admira-

Q 3

bles, comme l'a obſervé Dom Bouſquier;
l'huile devient auſſi gelée que le beurre,
le beurre eſt d'une dureté ſingulière,
la glace eſt compacte comme la pierre;
mais la ſeule eau limpide des ſour-
ces , toujours liquide , annonce qu'il
eſt dans le ſein de ces montagnes glacées une chaleur bénigne qui ne connoît point cette froideur athmoſphérique.

175. Enfin , ſelon les obſervations de
Dom Bouſquier , dans les jours de plus
grande chaleur , le thermomètre eſt
monté, en 1780 , à deux heures après
midi , au quinzième degré au-deſſus de
la glace, & jamais au-delà. La première
neige , cette même année , tomba le
21 Octobre ; & comme elle avoit été
très-retardée cette année-là , elle de-
meura ſtable ſans fondre.

176. Or il faut obſerver ici que ces
expériences ont été faites à Bonne-Foi,
dans une vallée , & que le plateau ſupérieur eſt bien plus froid que le lieu
abrité ; & qu'à plus forte raiſon , le
ſommet du Mezin eſt plus froid encore.

177. A Antraigues le climat eſt bien plus doux. En 1778, le mois de Janvier, la liqueur du thermomètre eſt deſcendue cependant à dix degrés, à huit heures du matin.

178. Toutes ces obſervations comparées aux obſervations analogues que j'ai faites à Avignon en 1772 & 1773, quelques-unes faites en 1774, 1775 & 1776, entrent dans l'hiſtoire météorologique, traitée ſelon l'élévation des climats des plantes.

179. En général, depuis le 15 de Juin juſqu'au 15 de Septembre, le thermomètre ſe ſoutient au-deſſus de dix-huit degrés, à moins qu'une longue biſe ne vienne rompre cet équilibre conſtant. J'ai vu la liqueur du thermomètre monter, au Séminaire de Saint-Nicolas, du côté du Nord, juſqu'à vingt-ſept degrés & demi.

Mais en hiver, lorſque la biſe a duré huit ou neuf jours, & que la glace a reſté long-temps fixe & ſtable, la liqueur du thermomètre deſcend juſqu'à huit degrés au-deſſous de la congélation.

Q 4

180. Dans la région inférieure, dans
le climat des orangers, la température
eſt encore bien plus chaude ; & lorſque, par quelque accident, le froid y
devient rigoureux, lorſque la liqueur
du thermomètre, expoſé en plain air,
y deſcend juſqu'à ſept degrés, au-deſſous
de zéro, long-temps ſoutenus, ou juſqu'à huit, les orangers meurent : cette
obſervation prouve que la Provence
offre la limité ſupérieure des orangers,
au-deſſus de laquelle cet arbre a be-
ſoin de ſerres. J'ai vu cependant, l'hiver de 1779, conſerver, à Nîmes, des
orangers en eſpalier, abrités ſous un
mur, & couverts de paillaſſons pendant la gelée : mais il eſt conſtant que
cet arbre meurt ſans ces précautions,
comme je l'ai obſervé, en 1763, à
Vinezac, où j'étudiois ; l'Abbé de
Vinezac ayant voulu planter dans le
jardin du château une belle orangerie,
le premier froid la fit périr, ſans qu'il
en reſtât un ſeul arbre.

COUPE VERTICALE DES MONTAGNES VIVAROISES

Limites respectives des Climâts des Plantes

Et Mesures Barométriques de leur hauteur sur le niveau de la Méditerranée.

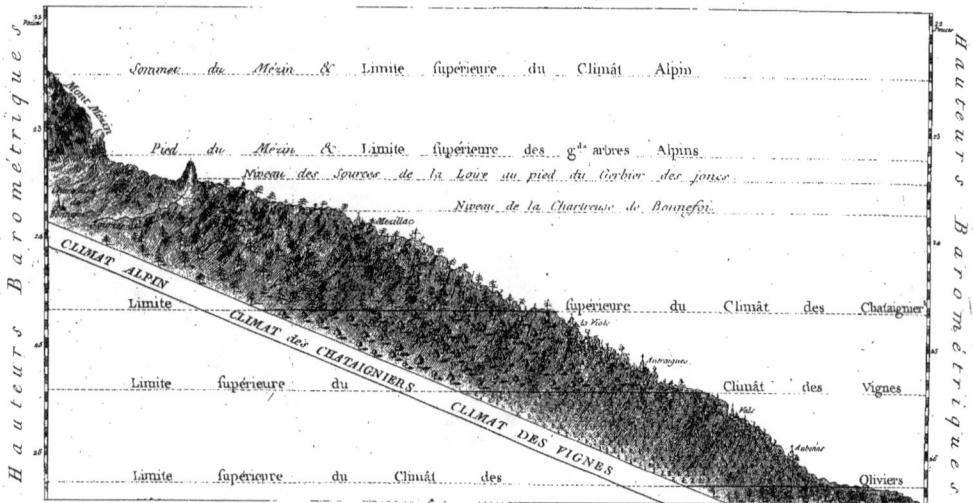

Hauteurs Barométriques

Hauteurs Barométriques

Sommet du Mézin & Limite supérieure du Climât Alpin

Pied du Mézin & Limite supérieure des grds arbres Alpins

Niveau des Sources de la Loire au pied du Gerbier des joncs

Niveau de la Chartreuse de Bonnefoi.

CLIMAT ALPIN

Mouillac

Limite supérieure du Climât des Chataigner

CLIMAT des CHATAIGNIERS

la Viole

Limite supérieure du Climât des Vignes

Antraygues

CLIMAT DES VIGNES

Vals

Aubenas

Limite supérieure du Climât des

Oliviers

Tom.1 des Végétaux Pl.II. Page 266.

CHAPITRE XII.

Mesures barométriques des climats. Résultats de ces mesures de divers autres lieux remarquables en Vivarais. Carte barométrique des climats, à vue de paysage ; explication de cette Carte. Observations sur la valeur d'une ligne en sens vertical dans cette Carte. Observations sur sa valeur en sens horizontal. Différence des valeurs dans les deux sens. Remarques sur ces deux valeurs dans les Cartes en relief.

181. ENFIN, pour considérer l'histoire géographique des plantes sous toutes ses faces possibles, & pour terminer l'exposé de ma méthode & des principes que j'ai établis pour cette branche de la science des végétaux, il me reste à déterminer la hauteur de ces climats, & celles des limites respectives sur le niveau de la mer, puisque le jeu de la nature est de super-

poser tous ces climats les uns sur les autres, au-dessus de ce niveau.

Le baromètre fut l'instrument dont je me servis pour cet objet ; & , malgré la difficulté d'en avoir un bon, à cause de ses défauts naturels, j'ai tâché d'en avoir un exempt des défauts les plus communs : M. le Camus, de l'Académie de Lyon, si expérimenté dans cette partie , a eu la bonté de le faire soigner par le meilleur Artiste de Lyon, & je lui en dois le témoignage de ma reconnoissance.

L'histoire des observations barométriques est encore bien incertaine dans ses principes, & bien variable dans ses résultats. Cassini, Bouguer, Scheuczher, Halley , la Hire , Picart , Néedham , M. de Saussure, M. de Luc, &c. &c. nous ont donné ou des principes différens sur la valeur en hauteur d'une ligne de mercure , ou sur le résultat comparé de leurs mesures.

Nous ne déterminerons point ici la valeur des lignes barométriques pour exprimer la hauteur sur le niveau de la mer : nous assignerons seulement le nombre des lignes observé dans les différentes stations.

Pour simplifier les opérations, nous exprimerons même la hauteur du baromètre dans une telle station, ou dans un tel lieu, dans le temps variable; car, comme quelques observations du §. II ont été faites pendant le temps pluvieux, j'ai cru devoir les réduire toutes au temps variable pour une plus grande uniformité.

§. PREMIER.

MESURES BAROMÉTRIQUES DES CLIMATS EXPRIMÉS DANS LA CARTE GÉOGRAPHIQUE DES PLANTES.

182. Les mesures de ce paragraphe expriment seulement la hauteur du sol représenté dans la Carte des climats, & les mesures du paragraphe suivant exprimeront l'élévation de diverses autres stations de la même Province.

1°. *Stations du baromètre dans le climat alpin, dans un temps variable.*

	pouces	lignes.	
Au sommet du Mezin, le baromètre étant appuyé sur la croix de bois	22	6	
Au pied du mont Mezin	23	3	
Sur le plateau supérieur, vers les sources de la Loire, & au pied du Gerbier-des-joncs .	23	6	
A la Chartreuse de Bonne-Foi, dans la cellule de Dom Bousquier, temps variable.	23	9	$\frac{1}{2}$
Sous Mezillac . .	24	0	$\frac{1}{4}$

2°. *Station du baromètre, placé au passage du climat alpin à celui des arbres fruitiers, entre le village de la Viole-d'Antraigues & Mezillac, dans un temps variable* 24   8

3°. *Station du baromètre, placé dans la limite supérieure du cli-*

	pouces	lignes.
mat des vignes, dans un temps variable.	25	5
4º. *Station du baromètre, placé sous Aubenas, vers les limites supérieures du climat des oliviers*	26	3

183. Il résulte de ce tableau, 1º. que, depuis le sommet du Mezin jusqu'au pays qui nourrit les oliviers, le mercure du baromètre monte de trois pouces, neuf lignes;

2º. Que depuis cette fin du climat des oliviers jusqu'à la fin du climat de la vigne, le mercure du baromètre descend de dix lignes;

3º. Que depuis la fin du climat de la vigne jusqu'au terme du climat des arbres fruitiers, le mercure descend de neuf lignes;

4º. Et qu'enfin, depuis la limite inférieure du climat alpin jusqu'au sommet du Mezin, dans lequel climat il ne vient aucun fruit ni à pepins, ni à noyaux, le baromètre descend de deux pouces, deux lignes.

Ces ſtations différentes du baromètre
ſont dans un ordre conſtamment pro-
greſſif du plus au moins , ayant ſuivi
la direction des eaux courantes expri-
mée dans ma Carte botanique.

§. II.

MESURES DE DIVERS AUTRES LIEUX ET MONTAGNES DU VIVARAIS.

184. Voici une ſuite d'autres ſtations
dont les directions ſont différentes ;
elles exprimeront les degrés d'élévation des lieux principaux du Vivarais
ſur le niveau de la mer , & ſeront la
clef de la Géographie des Plantes dans
les lieux dont je n'ai pas donné la
Carte.

A Viviers , hauteur
moyenne , au temps
variable . . . . . 27 pouces 0 lignes.

A Vallon , au châ-
teau de M. le Baron de
la Gorce, meſure priſe
en temps variable , en
Novembre 1779 . . 26 9

	pouces	lignes.	
A Joyeuse , maison de M. le Marquis de la Saumés , mesure prise en temps variable , mêmes mois & année.	26	7	$\frac{1}{2}$
A l'Argentière , même température , près de l'Eglise	26	6	
Sur le mont Béderet , hauteur mesurée en 1779 , avec M. Rouvière-Blancard .	26	4	
A Burzet , maison de M. Moulin , premier Consul. . . .	25	3	$\frac{1}{2}$
A l'Abbaye des Chambons , toujours hauteur moyenne , & dans la cellule de Dom Patouillot	24	1	
Au sommet du mont Tanargues , montagne granitique supérieure , mesure prise avec Dom Patouillot	22	11	

Malgré l'exactitude avec laquelle j'ai pris ces mesures, vu les variations inconcevables que les meilleurs baromètres éprouvent, je suis persuadé qu'elles ne font pas parfaites : je puis cependant prouver ici, par le témoignage d'autrui, que quelques-unes, fur-tout celles qui regardent le mont Mezin, dans le climat alpin, ont été assez bien faites.

« Je laissai un baromètre en station » à la Chartreuse, dit M. Faujas de » Saint-Fond, en priant Dom Procu- » reur de le regarder de temps en temps, » pendant que je monterois pour voir fi » quelque variation de l'athmosphère ne » le mettroit pas en mouvement; tandis » que je portai un autre baromètre avec » moi fur la montagne, l'ayant ajufté fur » une échelle que je fus obligé de faire » moi-même, ce baromètre, d'un assez » bon calibre, descendit de quatorze li- » gnes & demie depuis la Chartreuse » jusqu'à la sommité de la montagne : » je m'apperçus de la même gradation » en descendant ; & le baromètre que
» j'avois

» j'avois en station n'ayant point varié,
» on peut compter sur quatorze degrés
» & demi de la Chartreuse au sommet
» du Mezin ; il me manquoit la hau-
» teur du Puy à la Chartreuse, ainsi
» je ne puis rien donner de positif au
» sujet de l'élévation de cette monta-
» gne sur le niveau de la mer, je pré-
» sume cependant qu'elle n'a guère
» plus de neuf cents toises de hauteur
» perpendiculaire ». *Histoire des Volcans*
éteints du Vivarais, *article du Mezin*.

Quelques mois après, M. Adanson
ayant porté un baromètre sur les hauteurs de la même montagne, & en
ayant laissé un second à la Chartreuse
de Bonne-Foi, trouva une descente de
seize lignes ; celui laissé à la Chartreuse
ayant toujours été stable, à une demi-
ligne près, à vingt-quatre pouces, quatre lignes.

De ces observations, il résulte que,
selon M. Adanson, le mercure descend
de seize lignes en montant de la Chartreuse à Bonne-Foi, & de quatorze lignes & demie, selon l'observation de

Végét. Tom. I. R

M. Faujas : la différence, qui est d'une ligne & demie, a été peut-être occasionnée par quelques bulles d'air, que je trouvai, quelques jours après, dans le baromètre de Dom d'Acher, & que je réparai.

Quoi qu'il en soit, je publierai dans les Mémoires météorologiques les observations de Dom Bousquier, faites à minuit & dans divers temps de la journée, & nous aurons, d'une manière sûre, la véritable mesure de cette montagne si curieuse.

§. I I I.

EXPLICATION DE LA CARTE BARO-MÉTRIQUE DES CLIMATS.

185. L'histoire géographique des plantes est un objet si curieux & si neuf, que j'ai cru devoir en traiter les objets sous tous leurs rapports ; il étoit possible de montrer, à vue d'oiseau, la succession des climats dans la Carte que j'ai donnée, & qui a été expliquée ci-dessus.

Mais il est possible encore d'offrir cette

succession, non à vue d'oiseau, mais en tableau vertical, de la même manière qu'on voit de Chaillot le tableau de Paris en paysage.

Cette nouvelle Carte ci-jointe permet d'ailleurs de reconnoître, dans un seul instant, la station du mercure dans différens lieux des climats des plantes.

Toutes les lignes horizontales exprimées par des points, sont parallèles avec le niveau de la mer.

Toutes correspondent à deux colonnes de chiffres latéraux, qui représentent les lignes du baromètre depuis sa station moyenne en temps variable, à vingt-six pouces, trois lignes sous Aubenas; jusqu'au vingt-deuxième pouce six lignes, qui correspondent au sommet du Mezin.

En sorte que ce nouveau tableau est une coupe idéale & perpendiculaire du Vivarais, pour appercevoir d'un seul coup-d'œil la succession verticale & le paysage des climats superposés, qu'on avoit déjà apperçus dans la Carte à vue d'oiseau. Or il faut observer ici que

R 2

les deux dimenſions verticale & horizontale de la même Carte ne ſont point dans
la même échelle réciproquement.

La ligne qui, en hauteur, équivaut à
une élévation, je ſuppoſe, de treize toiſes,
a bien plus de valeur en ſens horizontal.

Dans cette Carte, ne voulant re-
préſenter que les objets & les rapports
perpendiculaires, j'ai négligé les valeurs horizontales. Si j'avois voulu
exprimer, par une ligne, toutes les
treize toiſes horizontales depuis Aubenas juſqu'au mont Mezin, ma Carte eût
été d'une longueur démeſurée ; elle
eût été inutile à mes vues. Obſervation
eſſentielle que je fais encore pour ma
Carte en relief, enluminée ſelon la nature de divers terreins, & ſculptée ſelon
la forme du ſol & la direction des vallées, dont M. Dupain-Triel a vendu
quelques exemplaires, & dans laquelle
les hauteurs n'ont pu être en proportion avec les diſtances horizontales.

*Fin des principes de la Géographie phyſi-
que des Plantes de la France méridionale.*

HISTOIRE

NATURELLE

DES VÉGÉTAUX

DE LA FRANCE

MÉRIDIONALE.

TROISIÈME PARTIE.

*GÉOGRAPHIE PHYSIQUE DES VÉGÉ-
TAUX, RELATIVEMENT A LA NA-
TURE DU TERREIN DANS LEQUEL
ILS VIVENT.*

R 3

GÉOGRAPHIE

PHYSIQUE

DES VÉGÉTAUX

DE LA FRANCE MÉRIDIONALE,

RELATIVEMENT A LA NATURE DU TERREIN DANS LEQUEL ILS VIVENT.

CHAPITRE I.

Distinction de trois sortes de terreins primitifs : le calcaire, le granitique & le volcanisé. Atterrissemens ou terrein ultérieur, débris des précédens. Preuves

R 4

de l'hétérogénéité de ces terreins. Preu-
ves par la deſtruction ignée. Preuves
par la deſtruction aqueuſe. La miné-
ralogie éclaire cette autre ſorte de géo-
graphie des plantes. Liaiſon naturelle
de toutes les ſciences. Aucune ſorte
de ſavoir n'eſt iſolé. Variété des plantes.

186. NOUS ne conſidérons plus dans
cette autre partie des plantes, l'influence de la chaleur athmoſphérique
qui les détermine à végéter dans un tel
lieu, & qui forme ſur la ſurface de la
terre les climats ; mais nous examinons
une influence ſubalterne à celle-ci, qui
détermine les plantes à ſe choiſir un
terrein de telle nature, plutôt qu'un
autre différent, une terre quartzeuſe
& ſabloneuſe, plutôt qu'un ſol calcaire.

La nature a formé en différens temps
des terreins hétérogènes. Nous avons
reconnu dans diverſes provinces méridionales, des régions tantôt granitiques,
tantôt ſabloneuſes ou ſchiſteuſes, dont
le quartz eſt la baſe ou la matière domi-

nante dans la roche, & qui date des premiers âges de la nature ; nous avons obfervé enfuite les contrées calcaires formées par le mêlange des matières terreftres, avec les débris des coquilles, & autres animaux marins par le fecours des eaux courantes fur la furface de la terre.

Une troifième forte de terrein s'eft encore préfentée à nos regards, les contrées volcanifées ; nous avons vu de vaftes pays, ou la lave pulvérifée offre de riches terreins à la végétation & des chaînes de montagnes encore folides, où elle n'offre que des roches ftériles encore frappées du feu : nous avons donné dans le temps les Cartes géographiques & lithologiques, qui ont exprimé la difpofition réciproque de ces terreins, dans plufieurs provinces de notre France méridionale.

Enfin nous avons confidéré des terreins formés plus récemment du débris de tous ces terreins ; nous avons re- connu la terre entraînée, felon la direc- tion des vallées, des lieux plus élevés,

vers les lieux plus bas : & les bas-fonds
de ces vallées ont offert de vaftes débris de toutes les montagnes fupérieures
réduites en fable ou en petits cailloux,
roulés de plufieurs calibres différens.

187. Il exifte donc quatre fortes de
terreins primitifs fur la furface de nos
provinces méridionales, le fol quartzeux, le fol calcaire ou coquillé, le
fol volcanifé & le fol des bas-fonds compofé d'atterriffemens, débris des trois
précédens; formant dans nos provinces,
les bas-fonds des vallées, la plaine du
Rhône, la vafte étendue de terrein en
plaine qui environne la mer & les
plaines de la Loire & de la Garonne.

188. Les premières & les plus fimples opérations chymiques, exécu-
tées par la voie ignée, annoncent l'hétérogénéité de ces quatre fortes de terreins. Le premier, le fol quartzeux ré-
fifte à l'action du feu ; le terrein calcaire fe calcine & ne fe fond pas ; le
troifième fe change en verre avec un
petit nombre de degrés de feu ; & le
quatrième, mélange des trois précé-

dens, fond lorsque les huiles & les débris des êtres organisés ont été volatilisés : & quoique le feu le plus véhément parvienne à fondre toutes chofes, il n'eft pas moins vrai qu'une matière qui fond fera toujours différente d'une fubftance qui d'abord fe calcine : la vitrification & la calcination font toujours deux phénomènes différens.

189. La fimple action de l'eau courante offre de même la différence de ces terreins primitifs. Dans le terrein quartzeux, l'eau divife les plus petites molécules ; mais, extraites de la matière la plus compacte parmi les minéraux, l'eau ne peut les tenir en diffolution, foit parce qu'ils n'ont point éprouvé la divifion ultérieure néceffaire à ce phénomène, foit parce que fes principes ne font pas nuifibles avec ceux de l'eau : auffi n'eft-il rien de plus aifé que de féparer les deux élémens ; dans cette circonftance, par exemple, où les eaux pluviales ayant entraîné la furface mobile des terres granitiques dépouillées, ont porté, après

une averfe , une grande quantité de
fédimens dans les pays inférieurs , &
formé des eaux troubles.

190. L'eau agit bien différemment
dans les terres calcaires ; elle en contient toujours une grande partie en diffolution , qui fe manifefte enfuite , pendant le repos de l'eau , dans les ftalac-
tites , les ftalagmites , & dans toutes
les concrétions calcaires que l'eau peut
dépofer , & il ne faut pour cela qu'une
matière propre à la filtration.

191. Auffi voyez quelle différence dans
la vafe de la Seine & dans celle du
Rhône. Ce dernier fleuve , & les rivières latérales qu'il reçoit , parcourans
prefque toujours des terreins granitiques en Provence , en Dauphiné , en
Suiffe , dans les Cévènes , & ne rece-
vant que de la Saône des débris des
roches calcaires , offre des phénomènes
différens , relativement à la matière
qu'il contient en diffolution ; tandis
que les eaux de la Seine tiennent dans
un état de diffolution une très-grande
quantité de molécules calcaires , & ne

déposent plus, comme le Rhône, ce sable superfin quartzeux, qui vole avec la bise jusqu'à cinquante toises de hauteur. L'eau de la Seine déposée produit donc de la boue, débris des matières calcaires, comme l'eau du Rhône entraîne & dépose du sable superfin, dbris des montagnes primitives.

192. L'action de l'eau sur les terres volcanisées est encore différente : ces matières fondues ont une grande analogie avec le verre, en sorte que l'eau détruit ce terrein dans un sens encore différent ; ici tout est cassure sans dissolution ; l'eau n'a jamais dissous le verre, & les derniers lavages d'une terre volcanisée dépurée, ne vous offrent au microscope que des cassures, tandis que le lavage des terres calcaires vous présente une matière entiérement détruite ou pâteuse.

193. Les derniers résultats d'un terrein manié par les eaux offre donc, dans les matières granitiques, du sable ; dans les terres calcaires, de la boue ; & dans les terreins volcanisés, des mo-

lécules caffées : & l'hétérogénéité des trois terreins primitifs eft démontrée dans toutes les règles.

194. Elle eft d'abord prouvée *quant à leur nature*, puifque le feu ordinaire fond, calcine, ou refufe de mettre en fufion les terres volcaniques, les terres calcaires & les terres quartzeufes.

195. Elle eft enfuite prouvée *quant à leur forme*, puifque, après l'action de l'eau, ces trois terres primitives préfentent un réfultat vitreux, boueux ou fabloneux. Auffi la fimple deftruction fuperficielle du pavé d'un grand chemin opérée par le frottement des voitures roulantes, ou par le pied ferré des chevaux, donne-t-elle des nuées de pouffière dans les routes calcaires de Languedoc, & des fables pefans incapables d'afcenfion dans les pavés & les terres fabloneufes du Gâtinois ou du Morvant.

196. Il règne donc trois fortes de terres primitives propres à la végétation, & c'eft l'état de cette végétation dans ces trois lieux, que je veux con-

fidérer, parce qu'outre que ces confi-
dérations font très-utiles à l'agriculture
pratique, elles nous éclairent auffi dans
la théorie & la phyfique des plantes.

197. Ainfi toutes les fciences fe prêtent donc des fecours mutuels, la Botanique & l'Agriculture éclairées par
la Minéralogie, offent un nouveau fpectacle & un ordre nouveau de connoiffances. Quand, au commencement de
ce fiècle, la Minéralogie étoit encore
dans l'enfance, & qu'on ne voyoit dans
les pierres hétérogènes que des couleurs différentes, des objets de luxe, des
matériaux plus ou moins précieux pour
les édifices, il étoit impoffible alors
d'étudier en grand l'influence de la
nature du fol fur la végétation ; quelques particuliers feulement, poffeffeurs
de terres voifines & hétérogènes, pou-
voient obferver quelques faits, mais
toujours fans s'élever jufqu'aux vérités
générales, jufqu'à ces efpèces de principes qu'une foule d'obfervations locales établiffent inconteftablement.

Ainfi les préceptes de nos anciennes

écoles & les maximes des perfonnes
qui prétendent qu'on ne doit s'occuper que d'une feule forte de favoir,
font-ils des moyens peu propres à perfectionner ou acquérir des connoiffances : rien n'eft ifolé dans la nature, le
néant feul eft ifolé ; car il n'eft appuyé
fur rien, tandis que les découvertes
dans tous les genres de favoir, font
le feul réfultat d'une comparaifon de
plufieurs chofes ; & le plus grand fer-
vice que Louis XIV, le père des Arts
& de la gloire en France, ait fait aux
Lettres, c'eft d'avoir réuni dans un
feul corps, dans l'Académie des Sciences, plufieurs fortes de fciences, pour
aider l'efprit dans la perpétuelle comparaifon qu'il fait des vérités naturelles
entr'elles, lorfqu'il travaille à perfectionner nos connoiffances.

Cette fuite de vérités eft détaillée
dans des Mémoires que quelques momens de loifir me permettent de recueillir, fur les progrès de l'efprit humain en France, fous les règnes fur-
tout de Louis XV & de Louis XVI.

Je

Je m'efforce d'étudier, de reconnoître & de suivre les liaisons naturelles que toutes ces sciences ont entr'elles, & les secours réciproques qu'elles se prêtent dans cette circonstance curieuse, où, dans une Nation déjà éclairée, toutes ces sciences concourent à l'envi à leur perfection. J'examine sur-tout la marche des sciences hâtives & de celles qui souffrent des retards ; je recherche les causes morales qui occasionnent ou leur succès, ou leur état de langueur ; &, toujours touché de toutes les sortes de travaux périlleux, opiniâtres, hardis, ou ingénieux de tant de Savans célèbres dont la postérité n'oubliera point les travaux, je me promets d'être juste à leur égard. Notre siècle a vu parcourir toutes les montagnes & tous les climats, passer les mers, subir l'impression des athmosphères étrangères, étudier le globe, ou les cieux d'un pôle à l'autre, &c.

Mais je ne puis dans ce moment m'occuper de cet unique objet : il me

Végét. Tom. I.   S

refte à publier encore des obfervations
fur quelques Provinces de la France,
celles qui concernent les animaux &
l'efpèce humaine , & mes recherches
enfin fur nos déplorables guerres ci-
viles méridionales , ce qui terminera
notre première entreprife , qu'aucun
autre genre de travail plus confidérable
ne doit point interrompre. Revenons
à la Géographie phyfique des Plantes,
déterminée par les diverfes fortes de
terreins dans lefquels elles vegètent.

198. Comme j'ai long-temps habité
en Vivarais , dans un pays où j'ai vu
paffer cent fois fous mes yeux la fucceffion des climats des plantes , j'ai pu
aifément reconnoître les principes de
leur diftribution naturelle & active , la
Géographie phyfique des Plantes fou-
mifes à l'influence de l'athmofphère ;
mais la nature m'a offert des facilités
encore plus grandes pour trouver l'influence du fol fur ces plantes : la ville
de l'*Argentière* , où j'ai long-temps obfervé l'état de la nature dans le règne
végétal , avoifine le paffage du fol

calcaire de la Province au sol quartzeux primitif ; & , après avoir vu en
grand l'état des deux sortes de végétations au-delà de cette ligne de démarcation qui coupe notre Province
en deux sortes de terreins, j'ai pu considérer en détail , & , avec la même
facilité , l'état des plantes dans ces
différentes sortes d'élémens.

Je possède , 1°. dans le territoire
de l'Argentière , une terre dans le
canton de Colombier , dont le sol
est calcaire sur la hauteur, & dont le
bas-fonds est un atterrissement. Elle est
peuplée de vignes , d'arbres fruitiers &
d'oliviers.

J'en ai une seconde toute dans le
terrein calcaire des Aupilières;

Une troisième dans le terrein quartzeux, dite *la Croisette*, où se trouvent
des vignes , châtaigniers , mûriers ,
arbres fruitiers , &c. ;

Une quatrième, dite *le Mas* , dans
le sol quartzeux, où sont des oliviers ,
vignes , arbres fruitiers , mûriers , &c.

Enfin j'ai habité à Antraigues , &

j'ai vu les variétés de la végétation dans les terres volcanisées ou grâniti-ques que j'y ai poffédées.

Je pourrai donc parler, d'après mes expériences & mes obfervations locales, fur un objet qui mérite toute l'atten-tion & des curieux de la nature, & des agriculteurs : & comme j'ai vu mes obfervations confirmées à Avignon, à Paris, en Bourgogne, dans le Vé-lay, dans le Bas-Languedoc, dans le Forez, en Auvergne, dans le Gâtinois & les montagnes du Morvant, foit en tout, foit en partie, je pourrai expo-fer plus aifément le réfultat de mes obfervations fur cette feconde méthode de confidérer la pofition géographique des plantes.

Toutes les efpèces de terre, pourvu qu'elles foient humides, & qu'elles aient quelque chaleur athmofphérique, nourriffent des plantes. Il y en a de terreftres & d'aquatiques, de cultivées & de fauvages : les fables les plus purs, qui contiennent péu de fel, ont leurs habitans, & les roches vives des montagnes dénuées de terre ont leurs mouſſes ; la végétation s'eſt emparée de tous les eſpaces du globe.

L'eau ſalée de la mer a ſes fucus : la vaſe des ruiſſeaux ; les marais fangeux ou à eau croupiſſante, leurs joncs : les lacs, leurs graviers particuliers : les cavernes, leurs fougères & leurs champignons : les forêts ſombres, les montagnes, les collines, les maſures sèches & inacceſſibles, les terreins argileux, les vignes, les champs labourés, les terres en friche, les jardins, les terres calcaires, granitiques, volcaniſés, tous ces lieux divers ont leurs plantes particulières : les végétaux ont ſu même profiter des fucs humides, aux dépens des autres plantes, ce qui a formé les familles de plantes paraſites.

Il faut aſſigner un ordre à cette grande confuſion, & reconnoître ici les quatre ſortes de terreins primitifs, dont nous avons prouvé l'exiſtencè & l'hétérogénéité, pour obſerver l'état de la végétation dans ces quatre eſpèces de terres.

S 3

CHAPITRE II.

De la végétation dans un sol calcaire
& marneux. NATURE des productions,
& MANIÈRE dont elles sont produites.
Matière mielleuse. Plantes aromati-
ques & laiteuses. Fruits sucrés. Sucs
oléagineux. Activité de la végétation
dans le sol calcaire , relativement au
sol granitique contigu à l'Argentière
en Vivarais. Tout est hâtif dans le
sol calcaire. Tout est retardé dans le
sol granitique.

199. ON peut observer, sous deux
points de vue généraux , l'état de la
végétation dans le territoire calcaire ;
d'après la *nature* de ses productions &
d'après la *manière* dont elles s'opèrent ,
particulièrement dans ce terrain , relativement aux autres voisins.

200. La nature des productions végétales relatives à ce terrain , est toute

particulière ; c'eſt le pays des fleurs
mielleuſes , des plantes aromatiques &
laiteuſes , des fruits ſucrés , & des ſucs
oléagineux , ſoit dans le fruit, ſoit dans
le corps des plantes. Nous conſidérons
donc ici en détail cette ſuite de ſubſtances qui dominent dans le terrein
calcaire, & qui ſont bien moins abondans
dans les autres terreins.

201. En général , les plantes des
terreins calcaires ſont plus oléagineuſes
que celles des terreins vitrifiables ou
quartzeuſes , où dominent des plantes
ligneuſes & aqueuſes : pour concevoir
ce phénomène dans toute ſon exten-
ſion , & reconnoître ſes cauſes , il faut
ſe rappeller, d'un côté, que le terrein
calcaire eſt un amas des débris des êtres
organiſés ; & de l'autre , que l'huile eſt
une matière combuſtible qui abonde dans
les corps organiſés , & qui ne ſe trouve
pas de même dans la conſtitution des
ſubſtances purement minérales.

202. Celles-ci , telles que les matières primitives du globe (ou au moins
reconnues comme les plus anciennes),

S 4

ont été formées *vraisemblablement* avant l'existence des êtres organisés, puisqu'on ne retrouve point dans leur intérieur leurs débris, comme dans les matières calcaires; c'est un élément vierge, manié jadis par les eaux avant que le mélange ultérieur, opéré encore par les eaux, produisît des substances subalternes, comme les matières calcaires & les poudingues.

203. Dans les laves, les mêmes phénomènes doivent aussi avoir lieu à-peu-près dans la même raison; les contrées volcanisées sont un reste de minéraux fondus; ce nouveau pays est un débris des anciens courans enflammés, une sorte de verre d'où toutes substances huileuses ou animales auroient été volatilisées, si la matière première, si l'aliment du feu volcanique en avoit contenu quelque partie.

204. Les matières calcaires doivent donc conserver dans leur sein un reste de cette ancienne huile que tous les êtres organisés contiennent, & quoiqu'elle soit altérée, combinée avec d'autres élé-

mens, mélangée intimement avec la matière terreftre, les végétaux doivent néceffairement y trouver les débris de ces anciens fluides animaux.

205. Les débris des êtres organifés dans les terres calcaires font ainfi le même office que le fumier. Dans nos terres quartzeufes ou fabloneufes, l'Agriculteur enfemençant un champ pauvre en fucs & en huiles, eft obligé d'en emprunter des détrimens des matières végétales & animales dont nous nourriffons, pour échauffer la terre, & donner à la végétation cette vigueur qu'on ne peut appercevoir dans les terreins froids : auffi nos terres calcaires n'ont - elles befoin de fumier que pour un petit nombre de plantes, tandis que les terres fabloneufes & du Mas & de la Croifette, à l'Argentière, en Vivarais, en abforbent une grande quantité pour l'entretien des mûriers, des vignes ou autres plantes ; & j'ai obfervé depuis long temps, que la terre calcaire ou des Aupilières, ou du Colombier, pouvoit fervir de fumier, en la portant dans

les terres graniteuses ou sabloneuses de la Croisette ou du Mas.

206. Les plantes des terreins calcaires font auffi plus aromatiques que les plantes aqueufes des terreins graveleux, dont tous les efforts confiftent à donner à leurs efpèces particulières des fucs âcres.

Les plantes odoriférantes & aromatiques ont, par leur affinité avec les plantes huileufes, la même facilité de végéter dans un fol calcaire ; ce terrein offre un grand réfervoir de matières animales huileufes, qui, différemment combinées, produifent ou des plantes huileufes, ou des plantes aromatiques : &, quelle que foit la caufe de la préfence du lait dans un plus grand nombre de fimples dans les terreins calcaires, il n'eft pas moins vrai que les plantes de cette efpèce fe trouvent bien plus ordinairement dans cette forte de terrein.

Il eft même avéré, par l'obfervation, que parmi les plantes laiteufes du terroir calcaire & du terroir granitique, le lait de celles-ci eſt beaucoup plus aqueux : celui que rejette une feuille de figuier eſt aqueux & un peu amer dans les figuiers du Mas & de la Croiſette ; mais celui des figuiers du ſol calcaire eſt preſque viſqueux , il eſt épais , d'un goût plus âcre.

Quoique le ſuc des plantes laiteuſes ſoit de nature bien différente du lait des femelles des animaux , cette obſervation me rappelle que le lait des brebis , des vaches & des chèvres eſt bien plus nourriſſant , plus épais dans les pays calcaires. Dans les pays de cette ſorte de terrein , les plantes ayant une plus grande quantité de matières nutritives , elle s'étend plus aiſément dans le lait de ces animaux , tandis que le lait eſt plus aqueux dans les terres graveleuſes.

Cette ſurabondance de ſucs paroît encore dans les fleurs dont les abeilles retirent le miel. Il eſt reconnu que le miel du ſol calcaire eſt plus doux , plus ſucré, plus aromatique, plus blanc dans les pays calcaires. Paſſez dans les terreins granitiques, il devient rouge, âcre, souvent purgatif ; on ne peut en manger sans qu'il ne soulève les humeurs de l'estomac, & ne donne des coliques plus ou moins fortes, selon la propension naturelle des humeurs qui sont dans le canal intestinal.

Voyez quel goût suave offre le miel depuis la Gorce en Vivarais jusqu'à Narbonne : cette lisière de terrein est calcaire, sans mélange de matières granitiques ; les fleurs y abondent de ce principe mielleux que les abeilles viennent chercher ; tandis que la plaine du Rhône en orient, les terres granitiques, qui commencent à l'Argentière, en occident, & les débris des laves du Coiron, au nord, font changer totalement la nature du miel du voisinage, qui n'est exquis & suave qu'à la Gorce, où les terres calcaires pures déterminent, 1°. ces mêmes plantes à y vivre, & 2°. à donner constamment la même qualité aux fleurs.

La matière qui, dans les mûriers, donne la soie aux vers à soie, est aussi bien plus abondante dans les mûriers du fol calcaire ; les vers en mangent moins & font mieux nourris : dans les terreins quartzeux la feuille eſt au contraire plus aqueuſe, plus indigeſte, & preſque d'une autre nature ; & c'eſt à l'alternative des repas donnés aux vers, tantôt avec une feuille du terrein de grès, & tantôt avec une feuille du terrein calcaire, qu'on doit le fréquent dépériſſement des chambrées de vers ; tandis que l'uniformité de la nourriture leur eſt très-favorable. Auſſi ma mère a-t-elle preſque toujours réuſſi dans ſes eſſais ſur les vers à ſoie, en les faiſant nourrir de feuilles du ſol du Mas & de la Croiſette, l'un & l'autre dans le territoire quartzeux, ou au moins en leur donnant, en premier lieu, la feuille des terreins quartzeux, plus ligneuſe, plus compacte, plus aqueuſe ; & en leur donnant enſuite, lorſqu'elles ſe préparent à former leurs cocons, la feuille plus nutritive du ſol calcaire.

Les arbres à fruits ſucrés donnent

des fruits bien plus doux dans les terres calcaires, & bien moins aqueux. Toutes les espèces de sucre qui varient si fort dans divers végétaux, peuvent se rapporter à une seule espèce, convenant toutes entr'elles par les phénomènes suivans.

Toutes les sortes de sucre sont un sel doux, toujours crystallisable, lorsque les matières hétérogènes avec lesquelles il est mélangé s'en séparent. Ainsi, lorsque le raisin perd en le conservant, ou en le desséchant au soleil sa partie aqueuse, il se forme deux ou trois grumeaux de sucre.

Or ce sucre est bien plus abondant dans les terres calaires, soit dans les raisins, soit dans les fruits de toutes les sortes d'arbres fruitiers connus ; les raisins secs de ce sol sont bien plutôt secs, bien plus doux & le vin plus liquoreux que le vin aqueux du sol quartzeux.

Après avoir considéré la *nature* des productions du sol calcaire, nous considérons la *manière* dont ce sol les produit; or il eſt conſtant que, quoique deux territoires dont l'un eſt calcaire & l'autre quartzeux, ſoient de même température, les floraiſons, la maturité des fruits, &c. &c. ſont plus hâtives dans les terreins calcaires : il ſeroit difficile ſans doute de donner une théorie plauſible à ce phénomène, mais il eſt pourtant vrai qu'à l'Argentière mes vendanges ſont prêtes au terroir calcaire des Aupilières expoſé vers le nord, tandis qu'elles demandent encore huit à dix jours dans les expoſitions les plus chaudes du midi des territoires quartzeux de la Croiſette & du Mas. Les raiſins ſont mûrs au territoire calcaire de Selas dans toutes les expoſitions ; tandis qu'il faut au même territoire du Mas, expoſé à un couchant ſi favorable à la vigne, encore dix à quinze jours pour une égale maturité ; enfin le mûrier, l'olivier, & toutes les plantes ſont plus hâtives, elles fleuriſſent, & perdent leurs fruits, & les plantes annuelles périſſent bien plutôt dans le ſol calcaire que dans le ſol granitique.

CHAPITRE III.

De la végétation dans un sol granitique. Comparaison des phénomènes à ceux des plantes du sol calcaire. Plantes ligneuses dans le sol quartzeux. Sucs âcres & aqueux dans les plantes.

207. **D**ANS le sol granitique, les fleurs des plantes sont mielleuses, les mûriers nourrissent & donnent la matière soyeuse aux vers ; quelques plantes laiteuses ont des sucs laiteux circulans, les arbres fruitiers & les raisins ont des fruits sucrés ; mais dans cette nouvelle espèce de terrein, le sucre n'est plus aussi doux, il est dissous dans une plus grande quantité d'eau végétale; le lait des plantes laiteuses est presque aqueux, & l'âcreté prend la place de la suavité des productions de l'autre sol.

208. Le terrein calcaire & inculte produit des plantes très-variées, toutes
les

les espèces de ronces & une infinité de plantes de toutes les familles. Mais dans le sol quartzeux en friche, cette variété disparoît pour ne laisser de place qu'à la famille des bruyères, & à toutes les sortes de plantes ligneuses plutôt vivaces qu'annuelles.

209. Le fruit de tous les arbres dans ce terrein est ou acerbe, ou peu mûr, toujours porté à s'aigrir, & ceux qui mûrissent aisément dans tous les climats, n'ont jamais la douceur qu'on leur trouve dans le sol calcaire.

210. Le muscat, par exemple, est, dans le sol calcaire, tout mielleux, les grains contiennent un suc épais, si abondant en molécules sucrées, que le gosier en est souvent affecté; on appelle dans le pays, cette sensation *l'action du raisin trop mûr*; mais dans le sol granitique, le goût en est presque altéré; on le trouve fade & peu mûr, quand on le mange après ceux du sol calcaire; enfin les prunes dites médicinales des deux terreins, sont quelquefois d'une autre qualité & toujours d'une vertu

Végét. Tom. I.   T

différente, puifqu'elles purgent puif-
famment les perfonnes qui mangent à
jeun celles du fol granitique ; tandis
qu'elles agiffent avec moins de force,
dans les pays calcaires où elles font
mieux nourries ; enfin tout ce qui eft
acide dans le fol granitique, eft vio-
lemment acide, tandis que l'acide dans
les terres calcaires eft moins ftimulant.

211. Or toutes ces qualités, ces propriétés, ces goûts différens dans les
productions de ce fecond territoire ne
viennent que de la furabondance de
l'eau dans ces fruits, qui tient la place
ou du fucre, ou de l'huile, ou du
miel, &c. &c., qui abondent dans le fol
calcaire : cette vérité fera confirmée
dans le chapitre fuivant.

CHAPITRE IV.

De la végétation dans un sol volcanique.
Sol vitrifié, vitreux & toujours vitri-
fiable. Influence de ce sol sur le vin.
Influence en Italie, dans des volcans
agiffans. Vin dit lacryma Chrifti. *Vin*
de Villeneuve-de-Berc. Vin du sol
volcanifé à Agde.

212. UNE terre volcanique eft le débris d'une terre vitrifiée, encore vitreufe
& toujours vitrifiable : elle ne renferme
dans fon fein aucune huile, ni aucun
débris des êtres organifés; le feu a tout
volatilifé; il n'en refte que la matière
inerte & morte relativement aux fecours que les huiles & les débris des
matières organifées donnent aux végétaux des autres territoires.

La végétation dans cette nouvelle
forte de terrein, s'offre cependant fous
des afpects nouveaux & très-finguliers;

T 2

le vin des territoires volcanifés, tant dans les volcans éteints, que dans le voifinage des volcans allumés, eft plus actif, plus délicat que le vin des contrées voifines du même climat.

M. Hamilton, Miniftre de la Grande-Bretagne à la Cour de Naples, a obfervé que la végétation étoit vigoureufe dans le fol volcanifé, & que la vigne y donnoit des excellens raifins. On connoît auffi le vin célèbre, appellé *lacryma Chrifti* : en France les débris volcanifés du mont Coiron, mêlangés avec le fol calcaire de Villeneuve-de-Berc par les eaux dans la formation de ce terrein, donnent un vin qu'on place avant tous les vins du Vivarais ; enfin parmi les productions des terres volcanifées des environs d'Agde au bord de la mer, on diftingue le vin des vignes de l'Evêché fituées dans l'enfoncement de l'ancienne bouche du volcan, dont j'ai donné l'hiftoire, (*Voyez tome V de cet ouvrage, page* 25, §. 2038.)

Toutes les plantes qui fe plaifent dans un fol fabloneux réuffiffent dans

le terrein graveleux volcanifé ; les châtaigniers y prennent une hauteur extraordinaire : on eft ravi à la vue des magnifiques châtaigniers nourris dans cette
terre.

Quoi qu'il en foit de la caufe de ces
phénomènes, ils font conftans ; & s'il
falloit en rechercher les principes, je
croirois que le jeu de l'électricité, fi
abandante dans tous les terreins volcanifés, opère dans le cas préfent le même
effet qu'une grande quantité de détrimens d'êtres organifés que les végétaux trouvent dans les terres calcaires.

CHAPITRE V.

De la végétation dans les plaines infé-
rieures ou atterriſſemens. De la végé-
tation dans les terres calcaires ſimples
& vierges, dans les terreins quartzeux,
dans les laves récentes, dans les atter-
riſſemens. Des quatre grandes plaines
du Rhône, de la Garonne, de la Loire,
& de la Seine. Plaine du Nil. Détail
de la végétation dans les atterriſſemens
depuis Aubenas juſqu'à Antraigues.
Succeſſion d'atterriſſemens toujours
plus ſimples. Succeſſion d'une végéta-
tion toujours plus foible. Succeſſion
d'un pays toujours plus pauvre : &
ſucceſſion d'hommes toujours plus ſim-
ples & plus laborieux.

213. LA végétation n'a point lieu dans
les terres ſimples primitives dont je
viens de parler, lorſqu'elles ſont abſo-
lument pures : ainſi la végétation ne

peut s'emparer tout de suite d'un terrein marneux, nouvellement défriché & soulevé, s'il ne renferme des débris de végétaux dans sa subſtance qui aient vécu dans cette terre.

Je poſsède une vigne dans le territoire calcaire du Colombier. La roche ſe décompoſe, & ſes couches ſe changent en une véritable terre pulvérulente : la vigne ni d'autres plantes ne peuvent végéter dans une terre pareille.

Les terreins quartzeux dont les ſables ont été ou lavés par les eaux, ou qui proviennent de l'éboulement d'un terrein vierge, ne peuvent fournir les ſucs néceſſaires à une belle végétation, ſi on ne les ſature de fumier.

Enfin les terreins volcaniſés ne ſont point couverts de verdure, après l'expulſion des cendres & des laves. La bouche du volcan de coupe à Antraigues en Vivarais, eſt peuplée de magnifiques châtaigniers. La vigne & pluſieurs arbres fruitiers ſe ſont emparés des cratères du volcan de Thueitz dans la même Province. Le volcan du Soul-

T 4

lol, la Coupe de Jaujac & plufieurs autres offrent une belle végétation ; mais le volcan de Montpezat eft encore inculte, de même que plufieurs autres, en forte qu'il faut que les plantes mineures, les gramens & les plantes des prés, qui vivent les premiers & le plus aifément fur les terreins vierges & nouveaux, aient accumulé pendant une longue fucceffion de générations végétales, une certaine quantité de débris de plantes, pour que ce cratère foit habité par de beaux arbres : enfin le terrein pouzolanique, fi propre à donner de la vigueur à toutes les plantes, lorfqu'il eft mêlangé à quelque peu de terre végétale, eft infécond, lorfqu'on le tire des flancs d'une montagne volcanique. Cette terre rougeâtre, brûlée, & autrefois fondue, ne peut contenir aucun détriment des organifés qui donnent toujours la fécondité aux plantes.

Enfin on fait que le gravier fluviatile, dépouillé de toute terre végétale, eft prefque entiérement infécond, lorſque l'eau courante a délayé tous les débris des êtres organiſés.

Mais dans les territoires qui ſont des atterriſſemens ou d'anciens dépôts d'eau fluviatile, qu'une ancienne végétation a enrichis & rendus propres à nourrir les végétaux, les plantes s'offrent avec une proſpérité unique. Voyez la plaine de Paris, & ſuivez avec les yeux de l'eſprit & de l'obſervation tous les lieux où la Seine a circulé, tous les anciens lits de cette rivière, tous les ſables changés aujourd'hui en une terre forte végétale, & reconnoiſſez combien un terrein de tranſport, varié dans ſa conſtitution, & provenu de mille montagnes ſupérieures, arroſées de rivières & de ruiſſeaux, & différemment conſtituées, influent à une brillante végétation.

Que fût devenue Rome, ſans les greniers de l'Egypte, ſans ces amas énormes de bled recueilli de la plaine du Nil? & comment vivroient aujourd'hui nos Provinces méridionales, ſi les plaines du Rhône, de la Garonne & de la Loire ne ſuppléoient à la végétation

moins vigoureuse dans nos montagnes?
Aussi partez de ces plaines riantes selon
le cours des rivières qui viennent y
couler, vers les sources des eaux, &
vous verrez la misère s'accroître à mesure que vous monterez vers les sommets, où la végétation seroit bien peu
remarquable, si les travaux opiniâtres
d'une autre espèce de citoyens, ne
forçoient cette terre morte à leur produire leur subsistance.

Si vous voulez observer les lieux dont
j'ai donné la Carte, en expliquant ci-
devant la disposition géographique des
plantes, selon les climats déterminés par
l'athmosphère, vous trouverez sous Aubenas, dans la plaine du Pont, des témoi-
gnages de ces vérités : cette plaine est un
atterrissement entraîné par les eaux en
ce lieu ; elles ont réuni, mêlangé,
manié un terrein mouvant, un débris
des montagnes granitiques, calcaires
& volcanisées. Aussi la végétation y est-
elle plus vigoureuse, & les plantes plus
fertiles que dans aucun lieu du voisinage.

En suivant toujours le cours des eaux, vous retrouverez, vers le chemin qui conduit à Jaujac, des terres quartzeuses infécondes, qui ne peuvent alimenter que quelques vieux châtaigniers, tous contrefaits. Mais la basse vallée de Vals, & la pente des montagnes occidentales, où se trouve un terrein mouvant mêlangé, offrent le plus beau spectacle. Le terrein cependant a perdu ici une des qualités qu'il avoit encore sous Aubenas; il n'a point des débris des montagnes calcaires, car nous sommes dans la zône granitique ; mais le mêlange des terres quartzeuses & volcaniques, joint à une ancienne végétation & à une longue destruction de plantes successives, en a fait un riche terrein.

En continuant toujours la même route, on trouve à droite & à gauche des terres en pente granitiques ; mais elles sont abandonnées à quelques châtaigniers qui ne prospèrent que dans les bas-fonds.

Mais à Antraigues on retrouve la beauté & la fécondité des plantes au fond de la vallée. J'ai poſſédé un pré près du moulin de papier, qui donnoit la moitié plus de foin que la plupart des prés ſitués dans des terres plus ſimples. A la Baſtide, la plaine inférieure qui avoiſine le village, enrichie des débris des montagnes & retenant dans ſon ſein les détrimens des êtres organiſés, préſente auſſi une magnifique végétation. Enfin la Limagne d'Auvergne, formée du detriment de toutes ſortes de montagnes hétérogènes, eſt un véritable paradis terreſtre, perdu dans un pays ſtérile & ſcabreux.

Il faut avouer cependant que toutes les productions, tous les fruits ſont plus aqueux dans ces ſortes de terreins. Les raiſins, les fruits de la plaine du Rhône, de Paris, de la Loire, de la Garonne, qui ſont les quatres contrées fertiles de la France, ſont plus inſipides, plus aqueux que les productions des terres calcaires; cependant, lorſqu'une chaleur long-temps ſoutenue a bien mûri le fruit, ils ſont encore d'une ſaveur agréable.

Ce chapitre nous a offert, en suivant le cours des eaux jusqu'au sommet des montagnes où elles prennent leur source, une succession de plaines ou atterrissemens toujours plus simples, une végétation toujours moins brillante, des contrées toujours plus stériles. Que feroit sur les plateaux supérieurs l'espèce humaine, si un amour du travail, des mœurs simples & austères ne domptoient & la rigueur du climat, & la stérilité des terres ?

CHAPITRE VI.

Comparaison de quelques plantes, habitant dans le même climat, mais végétant, les unes dans un terrein calcaire, les autres dans un sol granitique. Comparaison des châtaigniers, maronniers, saules, figuiers, vigne, oliviers, mûriers, noyers, chênes, plantes à oignons, pêchers, amandiers, cerisiers, pommes de terres, raves de montagne, froment, seigle, légumes & plantes graminées des prés. Plantes grasses, laiteuses, odoriférantes, chicoracées, campanules, liserons, tithimales, odoriférantes dans le sol calcaire. Climats superposés dans le sol granitique, dans le sol volcanisé, dans le sol calcaire en Vivarais.

214. DANS le sol vitrifiable ou granitique se plaisent les châtaigniers, les maronniers, les saules; & dans le sol calcaire tous les arbres en général y réussissent.

Le figuier donne des fruits très-succulents & très-mielleux dans le sol calcaire. Les figues séchées au soleil conservent un suc qui se cryſtalliſe ; mais le figuier, dans le sol vitrifiable, ne produit qu'un fruit très-aqueux ; les figues sèches sont plus coriaces, presque entièrement pleines de pepins & couvertes d'une peau sans saveur.

La vigne vieillit plutôt dans le terrein vitrifiable ; son fruit eſt plus lent à mûrir, il ne donne qu'un vin foible ; on a besoin d'en mêler les raiſins avec ceux de la vigne du pays calcaire, alliage qui donne d'abord un bon vin, mais que l'état électrique de l'athmoſphère, le paſſage subit du froid au chaud, & souvent le transport, font tourner aiſément.

L'olivier n'eſt jamais auſſi beau dans le pays granitique ; il y fructifie ; mais il n'eſt jamais ſi vigoureux que dans le sol calcaire.

Le mûrier réuſſit dans le sol sabloneux, auſſi-bien que dans le sol calcaire ; mais il exige le plus grand soin dans le premier. Il demande une très-grande

abondance de fumier , & même plufieurs
fois par an ; fi on lui refufe ce fecours ,
il dépérit , fe rabougrit ; fes branches
perdent leur direction naturelle , elles
deviennent torfes & cagneufes ; c'eft
l'arbre qui fouffre le plus de cette forte
de terrein , lorfqu'il n'eft pas nourri par
des fucs tirés des animaux , ou des végétaux pourris. Placé dans le fol calcaire , il y végète le plus fouvent fans
aucun befoin de fumier , il y devient
fort grand , & la feuille fort plutôt, de
même que les bourgeons.

Le noyer vient dans le fol quartzeux
comme dans l'autre ; mais il acquiert
plus d'amplitude dans le fol calcaire ;
je l'ai vu à Vinezac étonner les étrangers , par l'étendue de fes branches.

Le chêne paroît avoir les mêmes qualités que le noyer ; mais il eft plus grand
dans le fol calcaire.

Toutes les plantes à oignons font
plus vigoureufes dans le fol calcaire.

La pêche eft beaucoup plus fucculente & beaucoup plus fucrée, lorfqu'elle vient dans un terrein calcaire.

L'amandier

L'amandier se plaît dans l'un & dans l'autre territoire ; mais on sait que cet arbre étoit jadis florissant & d'un bon revenu, dans tout le Millaguès, situé dans la zône calcaire, & que le défaut de bois l'a fait brûler.

Le cerisier prospère mieux dans le sol calcaire.

Les pommes de terre réussissent à merveille dans le sol granitique. Les raves de montagnes y acquièrent une corpulence étonnante.

Le froment n'a jamais réussi dans le sol quartzeux, à moins qu'il ne soit mêlé avec une très-grande quantité de fumier, comme dans les jardins situés dans cette zône ; mais il réussit très-bien dans le sol calcaire & chaud.

Le seigle réussit dans l'un & l'autre territoire.

Les légumes viennent très-bien dans l'un & dans l'autre terrein, mais ils sont mieux nourris dans le sol calcaire que dans le sol granitique.

Enfin, en poursuivant les mêmes recherches, relativement à la nature du

Végét. Tom. I.   V

terrein, on trouve que les plantes graffes, laiteufes, odoriférantes, chicoracées, campanulées, liferons, tithimales,
fe plaifent en général dans le terroir
calcaire ; que les plantes ligneufes &
d'un tiffu ferré, les arbuftes fur-tout
recherchent un terroir granitique.

Outre l'abfence de débris des êtres organifés, les terres granitiques éloignent
encore de leur fein toutes les plantes
dont le tiffu foible & délicat ne peut
réfifter à une terre qui bleffe les plantes
annuelles, lorfqu'elles fortent de leurs
graines, & qu'elles fe trouvent dans
un état où la moindre corrofion d'un
corps voifin détruit leur principe vital.
Cette terre granitique eft d'ailleurs très-
pefante; la plupart des plantes femées
dans ce territoire, en font étouffées &
peuvent à peine fortir hors de la femence. Enfin le territoire volcanifé,
compofé de terres brûlées, très-légères,
très-poreufes, reçoit & conferve dans
fon fein toutes les plantes dont la conftitution demande un fol mouvant & de
peu de confiftance; les racines de ces

fortes de plantes s'étendent fort loin, & en tous fens, à l'entour de la plante, & vont chercher pour la nourrir, tous les fucs du voifinage.

Voilà déjà trois variétés de territoires, qui forment trois grands départements généraux où le fyftême végétal déploie toutes fes richeffes; mais ces richeffes fe multiplient encore, en confidérant que ces trois fortes de territoires varient par leur pofition & leurs divers degrés d'élévation au-deffus du niveau de la mer, d'où provient d'ailleurs la grande & la principale caufe de la variété des végétaux.

En effet le territoire calcaire trouve, par exemple, fur les fommités des roches de Gras, de Samzom, &c., en Vivarais, un climat froid, à caufe de la grande élévation de ces pics; or depuis ces lieux élevés jufqu'au voifinage du bourg Saint-Andéol, Saint-Marcel, Saint-Juft, &c., qui font les lieux les plus bas & qui s'approchent davantage du niveau de la mer, toutes les fortes de plantes qui fe plaifent dans des terri-

V 2

toires calcaires, trouvent ici les divers degrés de chaleur que leur conſtitution demande pour faire parvenir leurs fruits à une exacte maturité.

Le territoire vitrifiable qui trouve ſes poſitions les plus élevées dans la montagne de Tanargue, & ſa poſition la plus baſſe dans la ville de l'Argentière, préſente auſſi aux plantes qui ſe plaiſent dans un ſol de cette nature, différens degrés de chaleur athmoſphérique qui varie auſſi les familles des plantes; il en eſt de même du territoire volcaniſé.

Les terres volcaniſées les plus baſſes, qui n'ont point été altérées encore par le mélange d'autres terres, ſe trouvent, je crois, dans le volcan de Coupe de Jaujac & dans celui du Souliol; & depuis ces lieux, les plus chauds & les plus bas, juſqu'aux ſommités du Mezin, les plantes qui aiment ce territoire, y trouvent auſſi des nuances, des degrés de chaleur adminiſtrés par la nature qui établit auſſi les nuances des êtres végétaux.

Les prés, compoſés ſur-tout des plantes de la claſſe des graminées, ſont

très-bons par-tout ; les gramens font
des fimples vigoureux qui fe plaifent
dans tous les terreins & dans tous les
climats.

Toutes ces obfervations ont été faites
fur-tout à l'Argentière, ville fituée dans
le paffage du fol calcaire au vitrifiable.
Le territoire du côté de l'orient, appellé
les Aupilières, celui de *Sellas* jufqu'à
Uzer, eft calcaire & nourrit la vigne,
les arbres frûitiers de toute efpèce,
l'olivier & le mûrier. Paffez à l'occident depuis Montréal jufqu'à Tauriers,
le vin n'y eft pas fi bon, les mûriers
ne paroiffent plus auffi beaux, les fruits
y font plus infipides, les feuls châtaigniers font les arbres dominans.

Uzer & Vinezac, dans le fol calcaire,
produifent du vin exquis. Villeneuve-
de - Berc donne le meilleur vin du
pays ; les côtes du Rhône ont un
vin renommé : tous ces territoires
font fitués dans la zône calcaire. Paffez
dans la zône vitrifiable, & Vals vous
offrira un vin très-foible, malgré la
beauté de fes côteaux ; le vin des en-

virons d'Aubenas, situés dans la zône vitrifiable, ne sont pas de grande valeur. Celui de Chassiers, de Tauriers, de Montréal, de Senilhac, n'ont & ne méritent aucune renommée ; tandis que le vin de la Chartreuse de Bonne-Foi, tiré d'une vigne située près d'Uzer, dans la zône calcaire, & transporté dans le pays froid du sommet des montagnes, est sans doute le meilleur vin du voisinage.

Mais il faut avouer pourtant que la vigne vieille, située même dans la zône granitique, donne du vin assez bon. Ceux de Chalabrèges étoient autrefois célèbres. Les défrichemens leur enlevèrent leur réputation. Ces observations nous portent à croire que si le sol calcaire & le sol granitique jouent un si grand rôle dans le règne minéralogique & dans l'histoire chronologique des évènemens de la nature, ces deux territoires occasionnent encore de nos jours, dans les végétaux qu'ils nourrissent, des phénomènes divers que le Naturaliste doit soigneusement observer.

Une feconde caufe de la variété du règne végétal, depend donc de la variété des terreins & cette zône de terres calcaires, cette zône de terres vitrifiables, de terres volcanifées, de territoires marneux, &c., offrent une infinité de combinaifons qui permettent tous les phénomènes; nos plaines font formées d'ailleurs du déblais de matières volcanifées, vitrifiables & calcaires; d'autres plaines ne font qu'un mêlange de matières volcanifées & calcaires, pulvérifées & très-étroitement mêlées enfemble; & ainfi des autres combinaifons, qui font autant multipliées que les règles de mathématiques peuvent multiplier les combinaifons de quatre ou de cinq fortes de terres qui forment le fol de toute la Province. Or ces combinaifons préfentent un grand nombre de fites divers que chaque plante affecte d'habiter, & que les familles choififfent felon leur befoin ; & il me paroît que cette obfervation peut fervir à la grande queftion & au grand problême qui a tant agité de Botaniftes, & qui confifte à favoir

V 4

fi les plantes ne fe nourriffent que d'eau
pure, ou fi les fels & les huiles, &
la terre fe combinent pendant la nutrition avec elle, devenant ainfi principe
conftitutif.

Outre ces combinaifons de terreins,
en Vivarais, on trouve des roches vitrifiables, volcanifées & calcaires, remarquables par leurs fentes, où un grand
nombre de plantes fe placent volontiers;
les cailloutages du Rhône, les eaux de
ce fleuve, fitué dans une région voifine
de la Provence, & les eaux des lacs,
des ruiffeaux & fontaines du Haut-Vivarais, permettent aux plantes aquatiques des deux climats extrêmes de
trouver dans notre Province des lieux
& des poftes favorables à leur conftitution phyfique.

Cette rare variété de climats, de territoires, de fites, produit donc des productions les plus variées; les fruits de
toute efpèce, les fleurs de toute efpèce,
les fimples de toute efpèce.

Dans les arbres fruitiers, nous obferverons même combien cette variété de cli-

mats change la nature des fruits. Ils font tous de nature acide , dans le Haut-Vivarais , & même dans leur plus parfaite maturité , tandis que dans le Bas-Vivarais ils fe convertiffent , lorfqu'ils font très-mûrs , en matière fucrée , plus ou moins abondante ; & fi on les fait fécher au foleil , leurs parties aqueufes s'évaporent , le fucre fe cryftallife fous différentes formes , & donne à l'organe du goût les fenfations les plus variées.

Par exemple , l'airelle n'offre jamais que des fruits toujours acides ; l'acidité eft l'état extrême de maturité qui a été long-temps précédé de l'aigreur la plus âcre. Le fraifier, ou frambroifier du même climat *alpin* , n'offre que des fruits de même nature ; tandis que dans le Bas-Vivarais , la poire , les cerifes , les raifins , les figues , &c. , lorfqu'ils font parvenus à une maturité parfaite, font dans la bouche d'un fondant très-favoureux ; ce n'eft pas du fucre , ni du miel , mais quelque chofe de plus exquis & de plus fin que tout cela.

Il y a même une remarque importante à faire fur les propriétés des fruits, des arbres du fommet du Vivarais, & fur celles des fruits des arbres du Bas-Vivarais; elle confifte en ce que l'acidité des fruits *alpins* dépend de la nature de la plante, qui ne peut jamais produire que de l'acide; le framboifier, tranfporté dans le Bas-Vivarais, ne produit aucune framboife fucrée; fon acidité eft inhérente dans la conftitution de la plante, & ne dépend pas même du climat, ni de fa chaleur : cette remarque prouve qu'il y a des familles de plantes qui ont naturellement une conftitution inaltérable, qui réfiftent aux climats extrêmes, & par conféquent que les plantes n'ont fait que choifir les climats analogues à leur nature.

Dans les fruits du Bas-Vivarais, au contraire, la qualité fucrée de ces fruits dépend non de la conftitution de la plante, mais des degrés de chaleur que la nature lui adminiftre. Les vignes, fituées fous Antraigues, par exemple, où elles commencent à difparoître, parce

que ce font ici les limites fupérieures
de leur domaine, ne produifent que
des raifins acefcens dans leur plus grande
maturité ; le vin qui en provient eft
toujours *verd*, felon l'expreffion triviale
du pays, c'eft-à-dire d'un goût plus ou
moins aigre. On a beau les fécher au
foleil, l'eau de ces fruits s'évapore, &
le fucre cryftallifé eft toujours acide ;
il en eft de même des autres fruits ; de
forte qu'on peut dire que les fruits aigres
du Haut-Vivarais doivent cette qualité
à la plante, & les fruits du Bas-Vivarais doivent leur douceur fucrée au feu
adminiftré plus ou moins libéralement
par la nature.

Fin de la Géographie des Plantes, rela-
tivement à la nature du fol.

PIÈCES
JUSTIFICATIVES

D U

CHAPITRE I DE CE VOLUME, PAGE 141,

O U

Preuves de l'Histoire des découvertes des
Botanistes sur les climats des Plantes.

QUELQUES Botanistes modernes attribuent à Tournefort la première observation des climats faite sur le Mont-Ararat en orient.

Au lieu de diminuer la gloire du Père de la Botanique parmi les Modernes, j'ai dit qu'il développa la première & la seule idée qu'on ait eue jusqu'à ce jour, sur cette partie de la science des plantes; & je dois ici, pour prouver ce que j'ai avancé, extraire de la description du Mont-Ararat, ce qui concerne cet article.

DESCRIPTION DU MONT - ARARAT DE TOURNEFORT.

«Nous partîmes à quatre heures du matin, 9ᵉ. Août, dit Tournefort (*Voyage du Levant*, *Tome II*, *page 348*), & nous continuâmes notre route par une grande & belle plaine qui conduit AU MONT - ARARAT. On se retira sur les huit heures du matin, à Corvirap.... d'où on découvre distinctement les deux sommets de cette fameuse montagne ; le petit, qui est le plus pointu, n'étoit point couvert de neige ; mais le grand en étoit furieusement chargé : voici les plantes que nous découvrîmes dans le Monastère (de Corvirap) pendant que nos voitures se reposoient ».

Carduus orientalis Costi hortensis folio. Coroll. inst. rei. herb.

«Nous eûmes le plaisir ce jour-là de faire un nouveau genre de plante, & nous lui imposâmes le nom d'un des plus savans hommes de ce siècle, également estimé par sa modestie & par la pureté de ses mœurs : c'est celui de M. Dodart ».

Dodartia Orientalis flore purpuraſ-cente. Coroll. inſt. rei. herb.

« On ne voit dans toutes les plaînes, le long de l'Aras (au bas du Mont-Ararat) que de la régliſſe & du cuſcute. La régliſſe ſemble tout-à-fait à l'ordinaire, ſi ce n'eſt que ſes gouſſes ſont plus longues & toutes hériſſées de piquants. Pour la cuſcute, elle embraſſe ſi fort les tiges de la régliſſe, qu'elle ſemble ne faire que le même corps avec elle ».

« Les oiſeaux que nous voyons dans ces belles plaines qui s'étendent juſqu'à la rivière, nous auroient peut-être fourni quelques obſervations utiles pour l'Anatomie (1), ſi nous euſſions eu un fuſil pour les tuer. On y voit des eſpèces de *héron* qui n'ont pas le corps plus gros que celui d'un pigeon, & qui ont les jambes d'un pied & demi de haut. Les *aigrettes* n'y ſont pas rares ; mais rien n'approche

_____

(1) Cette remarque de Tournefort annonce qu'il avoit des vues ſur les animaux du Mont-Ararat, éloignées du ſyſtême géographique de la diſtribution des êtres organiſés par climats (note de l'Auteur).

de la beauté d'un oiseau...... gros comme le corbeau, ses aîles sont noires, ses plumes du dos, violettes vers le croupion ; celles qui s'étendent dupuis cette partie jusqu'au cou, sont très-pointues à leur extrêmité, & d'un verd admirable, doré & luisant : celles du cou jusques vers le milieu, sont d'une couleur de feu éclatant ; les autres qui couvrent le reste du cou & tout le reste de la tête, sont d'un verd éblouissant ; enfin la tête est relevée d'une houppe de même verd, haute d'environ quatre pouces, dont les plus longues plumes sont comme des paléttes à long manche. Le bec de cet oiseau est brun, semblable à celui d'un corbeau : on pourroit, avec plus de raison, lui donner le nom de *roi des corbeaux*, qu'a celui qu'on a apporté du Mexique à Versailles, puisque l'oiseau d'Amérique, quelque admirable qu'il soit, n'a rien de commun avec nos corbeaux ordinaires ».

« Le 10 d'Août nous partîmes de Corvirap, & marchâmes jusqu'à sept heures pour trouver le gué de l'Aras....

On arriva fur les onze heures au pied de la montagne.... Toute la plaine au-delà de l'Aras eft remplie de belles plantes. Nous y en obfervâmes une d'un genre bien fingulier, à laquelle je donnai le nom de polygonoïdes, parce qu'elle a beaucoup de rapport à l'ephedra, qu'on a nommée autrefois *poligonum maritimum* ».

« *Polygonoïdes orientale, ephedræ facie*. Coroll. inft. rei herb. ».

« Nous commençâmes à monter ce jour-là le Mont-Ararat, fur les deux heures après midi ; mais ce ne fut pas fans peine : il faut grimper dans des fables mouvans où l'on ne voit que quelques pieds de genièvre & d'éprue de bouc. Cette montagne qui refte entre le fud & le fud-fud-oueft des trois Eglifes, eft un des plus triftes & des plus défagréables afpects qu'il y ait fur la terre. On n'y trouve ni arbres, ni arbriffeaux..... Tous les Monaftères font dans la plaine. Je ne crois pas que la place fût tenable autre part, puifque tout le terrein de l'Ararat eft

mouvant

mouvant ou couvert de neige; il femble même que cette montagne fe con-
fomme tous les jours ».

« Du haut du grand abîme qui eft
une ravine épouvantable, s'il y en eut
jamais, & qui répond au Village d'où
nous étions partis, fe détachent à tous
momens des rochers qui font un bruit
effroyable; & ces rochers font de
pierres noirâtres & fort dures (1) ».

» Il n'y a d'animaux vivans qu'au bas
de la montagne & vers le milieu; ceux
qui occupent la première région font
de pauvres bergers & des troupeaux ga-
leux, parmi lefquels on voit quelques
perdrix; ceux de la feconde région font
des tigres & des corneilles. Tout le
refte de la montagne, ou pour mieux
dire la moitié de la montagne, eft couverte de neige depuis que l'Arche s'y arrêta; & ces neiges font cachées, la moitié

---

(1) Cette mobilité du fol de l'Ararat, la noirceur
de fes pierres, le peu de folidité de cette montagne,
font préfumer que c'eft ici un volcan éteint; il eft
fâcheux que Tournefort n'ait pas été inftruit en minéralogie.

Végét. Tom. I.   X

de l'année, fous des nuages fort épais (1) ».

« Les tigres que nous apperçûmes ne laifsèrent pas de noùs faire peur, quoiqu'ils fuffent à plus de deux cents pas de nous, & qu'on nous affurât qu'ils ne venoient pas ordinairement infulter les paffans ; ils cherchoient à boire, & n'avoient fans doute pas faim ce jour-là. Nous nous profternâmes pourtant dans le fable, & les laifsâmes paffer fort refpectueufement ».

« Ce qu'il y a de plus commode dans cette montagne, c'eft que toutes les neiges fondues ne fe dégorgent dans l'abîme que par une infinité de fources où l'on ne fauroit atteindre, & qui font auffi fales que l'eau des torrens dans les plus grands orages. Toutes ces fources

***

(1) Ici Tournefort femble appercevoir la difperfion géographique des animaux ; mais comme l'Auteur ne l'avoit confidéré que fur une montagne ifolée, il n'a pu faifir l'ordre de cette difperfion ; il eft poffible que fur le Mont-Ararat, où la neige fe foutient ftable, il n'y ait point d'animaux ; mais les quadrupèdes, &c. &c. vivent & fur les fommets glacés des Alpes & dans les nèiges de Sibérie. (Note de l'Auteur.)

forment le ruiſſeau qui vient paſſer à
Acourlou, & qui ne s'éclaircit jamais.
On y boit que de la boue pendant toute
l'année; mais nous trouvions cette boue
plus délicieuſe que le meilleur vin; elle
eſt perpétuellement à la glace, & n'a
point de goût limoneux. Malgré l'éton-
nement où cette effroyable ſolitude
nous avoit jetés, nous ne laiſſions pas
de chercher ces Monaſtères prétendus,
& de demander s'il n'y avoit pas des
Religieux reclus dans quelques cavernes? L'idée qu'on a dans le pays que
l'Arche s'y arrêta, & la vénération que
tous les Arméniens ont pour cette montagne, ont fait préſumer à bien des gens
qu'elle devoit être remplie de ſolitaires;
& Struys n'eſt pas le ſeul qui l'ait pu-
blié. Cependant on nous aſſura qu'il
n'y avoit qu'un petit Couvent abandon-
né au pied de l'abîme, où l'on envoyoit
d'Acourlou, tous les ans, un Moine
pour recueillir quelques ſacs de bled
que produiſent les terres des environs.
Nous fûmes obligés d'y aller le lendemain pour boire, car nous conſom-

mâmes bientôt l'eau dont nos guides avoient fait provifion fur les bons avis des bergers. Ces bergers y font plus dévots qu'ailleurs, & même tous les Arméniens baifent la terre dès qu'ils découvrent l'Ararat, & récitent quelques prières après avoir fait le figne de la Croix ».

« Nous campâmes ce jour-là tout près des cabanes des bergers : ce font de méchantes huttes qu'ils tranfportent en différens endroits, fuivant le befoin ; car ils n'y fauroient refter que pendant le beau temps. Ces pauvres bergers qui n'avoient jamais vu de Francs, & furtout de Francs *hérboriftes*, avoient prefqu'autant de peur de nous, que nous en avions eu des tigres ; néanmoins il falloit que ces bonnes gens fe familiarifaffent avec nous, & nous commençâmes par leur donner, pour marque de notre amitié, quelques taffes de bon vin. Dans toutes les montagnes du monde on gagne les bergers par cette liqueur qu'ils eftiment infiniment plus que le lait dont ils fe nourriffent. Il fe

trouva deux malades parmi eux qui fai-
foient des efforts inutiles pour vomir ;
nous les fecourûmes fur le champ, &
cela nous attira la confiance de leurs
camarades ».

« Comme nous allions toujours à notre
but, qui étoit de prendre langue & de
nous inftruire des particularités de cette
montagne, nous leur fîmes propofer
plufieurs queftions; mais, tout bien confidéré, ils nous confeillèrent de nous en
retourner, plutôt que d'ofer entreprendre de monter jufqu'à la neige. Ils
nous avertirent qu'il n'y avoit aucune
fontaine dans la montagne, excepté le
ruiffeau de l'abîme, où l'on ne pouvoit
aller boire qu'auprès du Couvent aban-
donné dont ont vient de parler,& qu'ainfi
un jour ne fuffiroit pas pour aller jufqu'à la neige, & pour defcendre au
fond de l'abîme ; qu'il faudroit pouvoir faire comme les chameaux, c'eft-à-
dire boire le matin pour toute la journée,
n'étant pas poffible de porter de l'eau
en grimpant fur une montagne auffi af-
freufe, où ils s'égaroient eux-mêmes

X 3

affez fouvent ; que nous pouvions juger
de la misère du pays , par la néceffité
où ils étoient de creufer la terre de
temps en temps pour trouver une fource
qui leur fournît de l'eau pour eux &
pour leurs troupeaux ; *que pour des
plantes il étoit très-inutile d'aller plus
loin , parce que nous ne trouverions au-
deffus de nos têtes que des rochers entaffés
les uns fur les autres*; enfin qu'il y avoit
de la folie à vouloir faire cette courfe.;
que les jambes nous manqueroient,
& que pour eux , ils ne nous accompa-
gneroient pas pour tout l'or du Roi de
Perfe ».

« Nous obfervâmes ce jour-là d'affez
belles plantes ; mais nous nous attendions à bien d'autres chofes pour le
lendemain, quoi qu'en difent les bergers.
Qui eft-ce qui au feul nom du Mont-Ararat, ne s'y feroit pas attendu? Qui eft-ce
qui ne fe feroit pas imaginé de trouver
des plantes les plus extraordinaires fur
une montagne qui fervit, pour ainfi dire,
d'efcalier à Noé pour defcendre du Ciel
en terre avec le refte de toutes les créa-

tures ? Cependant nous eûmes le chagrin de voir fur cette route le *cotonafter folio rotundo*, J. B. *LA conyza acris, cærulea.* C. B. *l'hieracium frutecofum , angufti folium, majus* C. B. la *jacobæ, fencionis folio* , le *fraifier*, l'*orpin* , l'*euphraife*, & je ne fais combien de plantes plus communes mêlées parmi d'autres beaucoup plus rares que nous avions déjà vues en plufieurs endroits. En voici deux qui nous parurent toutes nouvelles » :

« *Lychnis orientalis, maxima, buglofsi fol. unduletto.* Coroll. inft. rei herbar, 23 ».

« *Geum orientale cymbalariæ , folio molli , & glabro flore magno albo.* Coroll. inft. rei herb. *18* ».

«Après avoir mis notre journal au net, nous tînmes confeil à table nous trois, pour délibérer fur la route que nous devions prendre le lendemain. Nous ne courions certainement aucun rifque d'être entendus, car nous parlions françois ; & qui eft-ce qui peut fe vanter dans le Mont-Ararat d'entendre cette langue, pas même Noé, s'il y revenoit avec fon Arche ? D'un autre côté, nous

examinions les raisons des bergers, lesquelles nous paroissoient très-pertinen-
tes, & sur-tout l'insurmontable difficulté de ne pouvoir boire que le soir;
car nous comptions pour rien celle
d'escalader une montagne aussi affreuse.
Quel chagrin disions-nous, d'être venus
de si loin, d'être montés au quart de
la montagne, de n'avoir trouvé que trois
ou quatre plantes rares, & de s'en retourner sans aller plus avant! Nous fîmes
entrer nos guides dans le conseil : ces
bonnes gens, qui ne vouloient pas s'ex-
poser à mourir de soif, & qui n'avoient
pas la curiosité de mesurer, aux dépens de leurs jambes, la hauteur de
la montagne, furent d'abord du sentiment des bergers, & ensuite ils con-
clurent qu'on pouvoit aller jusqu'à de
certains rochers qui avoient plus de
saillie que les autres, & que l'on revien-
droit coucher au même gîte où nous
étions. Cet expédient nous parut fort
raisonnable : on se coucha là-dessus;
mais comment dormir dans l'inquiétude
où nous étions? Pendant la nuit l'amour

des plantes l'emporta fur toutes les autres difficultés ; nous conclûmes tous
trois féparément qu'il étoit de notre
honneur d'aller vifiter la montagne jufqu'aux neiges, au hafard d'être mangés
des tigres. Dès qu'il fut jour, de peur
de mourir de foif pendant le refte la
journée, nous commençâmes par boire
beaucoup, & nous nous donnâmes une
efpèce de queftion volontaire. Les bergers, qui n'étoient plus fi farouches,
rioient de tout leur cœur, & nous pre-
noient pour des gens qui cherchions
à nous perdre. Néanmoins après cette
précaution il fallut dîner, & ce fut un
pareil fupplice pour nous de manger
fans faim, que d'avoir bu fans foif;
mais c'étoit une néceffité abfolue; car
outre qu'il n'y avoit point de gîte en
chemin, bien-loin de fe charger de
provifions, on a de la peine à porter
même fes habits dans des lieux auffi
fcabreux. Nous ordonnâmes donc à
deux de nos guides d'aller nous attendre
avec nos chevaux au Couvent aban-
donné qui eft au bas de l'abîme. Il

faut le défigner ainfi, pour le diftinguer
de celui d'Acourlou qui eft auffi aban-
donné , & qui ne fert plus que de retraite aux voyageurs ».

« Nous commençâmes après cela à
marcher vers la première barre des rochers, avec une bouteille d'eau que nous
portions tour-à-tour pour nous foulager ;
mais quoique nos ventres fuffent devenus des cruches, elles furent à fec
deux heures après ; d'ailleurs l'eau bat-
tue dans une bouteille eft une fort défa-
gréable boiffon : toute notre efpérance
fût donc d'aller manger de la neige
pour nous défaltérer. Le plaifir qu'il y
a en herborifant, c'eft que, fous prétexte de chercher des plantes, on fait
autant de détours que l'on veut, ainfi on
fe laffe moins que fi par honneur il falloit monter en ligne droite ; d'ailleurs on
s'amufe agréablement, fur-tout quand on
découvre des plantes nouvelles. Nous ne
trouvions pourtant pas trop de nouveau-
tés ; mais l'efpérance d'une belle moiffon
nous faifoit avancer vigoureufement. Il
faut avouer que la vue eft bien trompée

quand on mesure une montagne du bas
en haut, sur-tout quand il faut passer
des sables aussi fâcheux que les syrtes
d'Afrique. On ne sauroit placer le pied
ferme sur ceux du Mont-Ararat, & l'on
perd, en bonne physique, bien plus de
mouvement que lorsqu'on marche sur
un terrein solide. Quel cadeau pour
des gens qui n'avoient que de l'eau
dans le ventre, d'enfoncer jusqu'à la
cheville dans le sable ! En plusieurs
endroits nous étions obligés de descendre au lieu de monter, & pour continuer notre route il falloit souvent
se détourner à droite ou à gauche ; si
nous trouvions de la pelouse, elle limoit
si fort nos bottines, qu'elles glissoient
comme du verre ; & malgré nous il falloit nous arrêter. Ce temps-là n'étoit
pourtant pas tout-à-fait perdu, car nous
l'employions à rendre l'eau que nous
avions bue, mais à la vérité nous fûmes
deux ou trois fois sur le point d'abandonner la partie. Je crois même que
nous aurions mieux fait. Pourquoi lutter
contr'un sable si terrible & contr'une

pelouse si courte que les moutons les
plus affamés n'y sautoient brouter ?
Cependant le chagrin de n'avoir pas
tout vu, nous auroit trop inquiétés dans
la suite, & nous aurions toujours cru
avoir manqué les plus beaux endroits.
Il est naturel de se flatter dans ces
sortes de recherches, & de croire qu'il
ne faut qu'un bon moment pour découvrir quelque chose d'extraordinaire,
& qui dédommage de tout le temps
perdu ; d'ailleurs cette neige qui se pré-
sentoit toujours devant nos yeux, &
qui sembloit s'approcher, quoiqu'elle
en fût très-éloignée, avoit de grands
attraits pour nous, & nous fascinoient
continuellement les yeux ; plus nous en
approchions, moins cependant nous dé-
couvrions des plantes ».

« Pour éviter les sables qui nous fati-
guoient horriblement, nous tirâmes
droit vers de grands rochers entassés
les uns sur les autres, comme si l'on
avoit mis *Ossa* sur *Pelion*, pour parler
le langage d'Ovide. On passe au-dessous comme au travers des cavernes ; &

l'on y eſt à l'abri des injures du temps,
excepté du froid; nous nous en apperçûmes bien, mais ce froid adoucit un
peu l'altération où nous étions. Il fallut
en déloger bientôt, de peur d'y gagner
la pleuréſie; nous tombâmes enſuite dans
un chemin très-fatiguant, c'étoient des
pierres ſemblables aux moëlons que l'on
emploie à Paris pour la maçonnerie, &
nous étions contraints de ſauter d'un
pavé ſur l'autre; cet exercice nous pa-
roiſſoit très-incommode, & nous ne
pouvions nous empêcher de rire de nous
voir obligés à faire un ſi mauvais ma-
nège; mais franchement on ne rioit que
du bout des dents; n'en pouvant plus,
je commençai le premier à me repoſer:
cela ſervit de prétexte à la compagnie
pour en faire autant ».

« Comme la converſation ſe renoue
quand on eſt aſſis, l'un parloit des tigres
qui ſe promenoient fort tranquillement,
ou qui ſe jouoient à une diſtance aſſez
raiſonnable de nous. Enfin parmi tous
ces petits contes avec leſquels nous tâ-
chions de nous amuſer, & qui ſem-

bloient nous donner de nouvelles forces, nous arrivâmes fur le midi dans un
endroit plus réjouiffant; car il nous fembloit que nous allions prendre la neige
avec les dents. Notre joie ne fut pas
longue, c'étoit une crête de rocher qui
nous déroboit la vue d'un terrein éloigné de la neige de plus de deux heures
de chemin , & ce terrein nous parut
d'un nouveau genre de pavé. Ce n'é-
toient pas de petits cailloux, mais de
ces petits éclats de pierres que la gelée
fait brifer , & dont la vive-arrête coupe
comme celle de la pierre à fufil. Nos
guides difoient qu'ils étoient nuds pieds,
& que nous ferions bientôt de même;
qu'il fe faifoit tard, & que nous nous
perdrions indubitablement pendant la
nuit, ou qu'au moins nous nous caffe-
rions le cou dans les ténèbres, fi mieux
n'aimions nous repofer pour fervir de
pâture aux tigres qui font ordinairement leurs grands coups pendant la
nuit. Tout cela nous paroiffoit affez
vraifemblable , cependant nos bottines
n'étoient pas encore trop maltraitées.

Après avoir jeté les yeux sur nos montres, qui étoient fort bien réglées, nous assurâmes nos guides que nous ne passerions pas au-delà d'un tas de neige que nous leur montrâmes, & qui ne paroissoit guère plus grand qu'un gâteau; mais quand nous y fûmes arrivés, nous y en trouvâmes plus qu'il n'en falloit pour nous rafraîchir, car le tas avoit plus de trente pas de diamètre. Chacun en mangea tant & peu qu'il voulut, & d'un commun consentement, il fut résolu qu'on n'iroit pas plus loin. Cette neige avoit plus de quatre pieds d'épaisseur, & comme elle étoit toute crystallisée, nous en pilâmes un gros morceau dont nous remplîmes notre bouteille. On ne sauroit croire combien la neige fortifie quand on la mange. Quelque temps après, on sent dans l'estomac une chaleur pareille à celle que l'on sent dans les mains, quand on l'y a tenue un demi-quart d'heure, & bien-loin d'avoir des tranchées, comme la plupart des gens se l'imaginent, on en a le ventre tout consolé. Nous descendîmes

donc avec une vigueur admirable , ravis
d'avoir accompli notre vœu, & de n'a-
voir plus rien à faire que de nous retirer
au Monaftère ».

« Comme un bonheur eft ordinairement fuivi de quelqu'autre , je ne fais
comment j'apperçus une petite verdure
qui brilloit parmi ces débris de pierres.
Nous y courûmes tous comme à un tré-
for , & certainement la découverte nous
fit plaifir. C'étoit une efpèce admirable
de *véronique à feuilles de telephium* , à
laquelle nous ne nous attendions pas,
car nous ne penfions plus qu'à notre
retraite , & notre vigueur prétendue ne
fut pas de longue durée ».

« Nous retombâmes dans des fables qui
couvroient le dos de l'abîme , & qui
étoient pour le moins aufli fâcheux que
les premiers. Quand nous voulions glif-
fer , nous nous y enterrions jufqu'à la
moitié du corps, outre que nous n'allions
pas le bon chemin , parce qu'il falloit
tourner fur la gauche, pour venir fur les
bords de l'abîme que nous fouhaitions
voir de plus près. C'eft une effroyable
vue

vue que celle de cet abîme, & David avoit bien raison de dire que ces sortes de lieux montroient la grandeur du Seigneur. On ne pouvoit s'empêcher de frémir quand on le découvroit, & la tête tournoit pour peu qu'on voulût en examiner les horribles précipices. Les cris d'une infinité de corneilles qui volent incessamment de l'un à l'autre côté, ont quelque chose d'effrayant. On n'a qu'à s'imaginer une des plus hautes montagnes du monde, qui n'ouvre son sein que pour faire voir le spectacle le plus affreux qu'on puisse se représenter. Tous ces précipices sont taillés à plomb, & les extrêmités en sont hérissées & noirâtres, comme s'il en sortoit quelque fumée qui les salît, il n'en sort pourtant que des torrens de boue. Sur les six heures après midi nous nous trouvâmes très-épuisés, & nous ne pouvions pas mettre un pied devant l'autre ; mais il fallut faire de nécessité vertu, & mériter les noms de *martyrs de la Botanique* ».

« Nous nous apperçûmes d'un endroit couvert de pelouse, dont la pente pa-

roiſſoit propre à favoriſer notre deſcente, c'eſt-à-dire le chemin qu'avoit
tenu Noé pour aller au bas de la montagne. Nous y courûmes avec empreſ-
ſement; on s'y repoſa : on y trouva même
plus de plantes qu'on n'avoit fait pendant toute la journée ; & ce qui nous
fit plaiſir, c'eſt que nos guides nous firent voir de là, quoique de fort loin,
le Monaſtère où nous devions aller nous
déſaltérer. Je laiſſe à deviner de quelle
voiture Noé ſe ſervit pour deſcendre,
lui qui pouvoit monter ſur tant de ſortes
d'animaux puiſqu'il les avoit tous à ſa
ſuite. Nous nous laiſsâmes gliſſer ſur
le dos pendant plus d'une heure ſur ce
tapis verd, nous avancions chemin fort
agréablement, & nous allions plus vîte
de cette façon-là, que ſi nous avions
voulu nous ſervir de nos jambes. La
nuit & la ſoif nous ſervoient comme
d'éperons pour nous faire hâter. On
continua donc à gliſſer autant que le
terrein le permit; & quand nous ren-
contrions des cailloux qui meurtriſſoient
nos épaules, nous gliſſions ſur le ventre,

où nous marchions à reculons à quatre
pattes ; peu-à-peu nous nous rendîmes
au Monaſtère, mais ſi étourdis des coups
& ſi fatigués de ces allures, que nous
ne pouvions remuer ni bras ni jambes.
Nous trouvâmes aſſez bonne compagnie
dans ce Monaſtère, dont les portes ſont
ouvertes à tout le monde , faute de
battans pour les fermer ; c'étoient des
gens du village qui s'y étoient venus
promener ; ils étoient ſur leur départ ,
&, malheureuſement pour nous , ils n'a-
voient ni eau ni vin. Il fallut donc en-
voyer au ruiſſeau , mais nous n'avions
pour tout uſtenſile que notre bouteille
de cuir qui ne tenoit qu'environ deux
pintes ; quel ſupplice pour celui de nos
guides ſur qui le ſort tomba pour l'aller
remplir ! il eut à la vérité le plaiſir de
boire le premier, mais perſonne ne le
lui envia, car il le paya bien cher , la
deſcente du Monaſtère au ruiſſeau étant
de près d'un quart de lieue perpendiculaire & le chemin fort hériſſé. On peut
juger de là ſi le retour devoit être agréable. Il faut une demi-heure de temps

pour ce voyage , & la première bouteille fut prefque bue d'un trait ; cette
eau nous parut du nectar ; il fallut donc
encore attendre demi - heure pour en
avoir autant : quelle mifere ! nous montâmes à cheval pendant la nuit pour
aller au village chercher du pain & du
vin, car après ce manége nous avions
le ventre affez vuide , nous n'y arrivâmes que fur le minuit, & celui qui gar-
doit la clef de l'Eglife où nous devions
fouper & coucher , dormoit tout à fon
aife à l'autre bout du village ; on fut trop
heureux à cette heure-là de pouvoir
trouver du pain & du vin. Après ce léger
repas nous ne laifsâmes pas de dormir
d'un profond fommeil, fans rêve, fans
inquiétude, fans indigeftion, & même
fans fentir les piquures des coufins »......

« Le 14 Août nous féjournâmes aux
Trois-Eglifes , pour y attendre fix chevaux que nous avions envoyé chercher
à Erivan , dans le deffein de nous en
tetourner à Cars. Nous eûmes le chagrin de partir fans compagnie, car toutes
les caravanes qui étoient aux Trois-Egli-

ſes alloient à Touris, & quelqu'hon-
nêtes gens que ſoient les Perſans, nous
appréhendions fort leurs frontières, &
ſur-tout le voiſinage de Cars. Il tomba
ce jour-là tant de neige ſur le Mont-
Ararat, que ſon petit ſommet en étoit
tout blanc ; nous rendîmes graces au
Seigneur d'en être revenus, car peut-
être que nous nous ſerions perdus, ou
que nous ſerions morts de faim ſur cette
montagne. On partit le lendemain à ſix
heures du matin, & nous marchâmes
juſqu'à midi dans une plaine fort sèche,
couvertes de différentes eſpèces de *ſoude*,
d'*harmala*, de cette eſpèce de *ptarmica*
que Zanoni a priſe pour la première
eſpèce d'*aurone* de Dioſcoride. L'*Alhagi
maurorum* de Bauvolf, qui fournit la
manne de Perſe, s'y trouve par-tout.
j'en ai donné ci-devant la deſcription.
On campa ce jour-là ſur le bord d'un
ruiſſeau, auprès d'un village aſſez agréable par la verdure qui étoit aux environs. Nous n'y reſtâmes qu'environ une
heure, & laiſſant toujours le Mont-Ararat à main gauche, nous tirions vers le

couchant pour venir à Cars. On continua de marcher jufqu'à fix heures après midi, mais ce fut dans des plaines remplies de cailloux & de rochers».

« Il me femble que le pays que Procope appelle *Dubios*, ne devoit pas être éloigné du Mont-Ararat. C'eft une Province, dit-il, non feulement fertile, mais très-commode par la bonté de fon climat & de fes eaux, éloignée de *Théodofiopolis* de huit journées. On n'y voit que des grandes plaines où l'on a bâti des villages affez près les uns des autres, habités par des facteurs qui s'y font établis pour faciliter le commerce des marchandifes de la Géorgie, de la Perfe, des Indes & de l'Europe, lefquelles on y tranfporte comme dans le centre du négoce. Le Patriarche des Chrétiens qui font dans ce pays-là, eft appellé *Catholique*, parce qu'il eft généralement reconnu pour le chef de leur Religion. Il paroît par-là que le commerce des marchandifes de Perfe & des Indes n'eft pas nouveau. Peut-être que ce *Dubios* étoit la plaine des Trois-Eglifes, & que les

Romains s'y rendoient avec leurs marchandifes, comme à la plus célèbre foire
du monde. Il n'y a pas de lieu plus propre pour fervir d'entrepôt commun aux
nations d'Europe & d'Afie ».

« Le 16 Août nous partîmes à trois
heures du matin, fans efcorte ni caravane. Nos voituriers nous firent marcher
jufqu'à fept heures dans des campagnes
sèches, pierreufes, incultes & fort défagréables. Nous montâmes à cheval fur
le midi, & pafsâmes par *Cochavan* qui
eft le dernier village de Perfe. La peur
commença à s'emparer de nous fur cette
frontière ; mais je ne m'attendois pas au
malheur qui devoit m'arriver au paffage
de la rivière d'*Arpajo* ou d'*Arpafon*. Il
s'y noie quelqu'un tous les ans, à ce
qu'on dit, & je courus grand rifque
d'être du nombre de ceux qui paient
ce tribut : non feulement le gué eft
dangereux par fa profondeur, mais outre
cela, la rivière charie de temps en
temps de gros quartiers de pierres qui
roulent des montagnes, & que l'on ne
fauroit découvrir au fond de l'eau. Les

Y 4

chevaux ne fauroient placer leurs pieds
fûrement dans ce fond; ils s'abattent
fouvent & fe caffent les jambes, quand
elle fe trouvent engagées parmi ces
pierres. Nous marchions tout de file
deux à deux; mon cheval qui fuivoit
fon rang, après s'être abattu d'abord,
fe releva heureufement fans fe bleffer;
mais ce ne fut pas fans peur de ma part.
Je m'abandonnai alors à fa fage conduite,
ou plutôt à ma bonne fortune, & je le
laiffai aller comme il voulut, le piquant
avec le talon de la bottine, dont le fer,
qui eft en demi-cercle, excède tant foit
peu; car on ne connoît pas les éperons
dans le levant».....

« Voici la defcription de quelques belles plantes qui naiffent autour de Cars»:

« *Campanula orientalis, foliorum crenis*
amplioribus & crifpis, flore patulo fub
cœruleo. Coroll. inft. rei. herb. 3 ».

« *Ferula orientalis, cachryos folio &*
facie. Coroll. inft. rei herb. 22 ».

« *Lychnis orientalis, buplevri folio.* Coroll. inft. rei herb. 24.

« Le 23 Août nous partîmes de Cars,

avec une petite caravane deſtinée pour
eſcorter une voiture d'argent que le
Carachi-Bachi ou le *Receveur de la ca-*
pitation envoyoit à Erzeron. C'étoient
tous gens choiſis, bien armés, & déterminés à ſe bien battre; au lieu que les
caravanes des marchands ſont compoſées de gens qui épargnent leur peau,
comme l'on dit, & qui aiment mieux
être rançonnés que d'en venir aux mains.
Tout bien conſidéré, ce parti leur
convient mieux, un marchand gagne
toujours beaucoup, quand il ſauve ſa
vie & ſes marchandiſes pour une poignée
d'écus. Nous ne marchâmes que quatre
heures ce jour-là, & nous campâmes
auprès de *Benecliamet*, village dans une
aſſez grande plaine, où nous trouvâmes
une nouvelle eſcorte de Turcs, gens
bien faits & bien réſolus ».

« Le 24 Août le *Carachi-Bachi* qui
avoit un commandement du Pacha de
Cars, pour prendre dans les villages de
la route autant de gens qu'il jugeroit
à propos pour aſſurer le tranſport de
ſon argent, fit venir des montagnes,

environ trente personnes bien armées,
qui ne laissèrent pas de nous faire plaisir , car le bruit couroit que les Curdes
vouloient enlever le trésor. Cette nouvelle escorte fut relevée le lendemain
par une autre bande aussi forte. Une
caravane de soixante Turcs ne craint
pas deux cent Curdes ; ceux-ci n'ont que
des lances , & nos Turcs avoient de
bons fusils & des pistolets. On ne partit
ce jour-là que sur les neuf heures pour
aller coucher à *Kekès*, village situé
dans la même plaine , à trois lieues de
distance. Nous eûmes une recrue de sept
ou huit personnes qui conduisoient du
riz à Erzeron ; mais ce n'étoient pas des
gens à fortifier notre troupe ».

On ne fit que quatre lieues le lendemain ; nous marchâmes toute la nuit au
clair de la lune par des montagnes dont
les défilés sont dangereux , & où fort
peu de gens auroient pu facilement nous
arrêter ; mais les ténèbres favorisèrent
notre marche , tandis que les Curdes
dormoient à leur aise. On se reposa le 26
jusqu'à neuf heures du matin , & l'on

paffa feulement fur une des plus hautes montagnes du pays couverte de *pins*, de *peupliers noirs*, & de *trembles*. Comme nous appréhendions quelque embuf-cade, on détacha des Turcs pour aller reconnoître les paffages, & ces batteurs d'eftrade amenèrent au *Carachi-Bachi* quatre payfans, qui l'affurèrent que les voleurs étoient reftés en arrière, & que nous leur avions dérobé une grande marche. A cette nouvelle, on campa fur les trois heures après midi tout près d'une petite rivère, où nous avions déjà campé en allant à Cars, le long de la-quelle nous trouvâmes une belle efpèce de *valeriane*, dont les racines font tout-à-fait femblables à celles de la *grande valeriane des jardins*, auffi groffes & auffi aromatiques; les feuilles en font plus étroites; mais comme la grande valeriane ne fe trouve pas, que je fache, en campagne, je crois que ce n'eft autre chofe que celle-ci, qui eft cultivée dans les jardins depuis quelques fiècles ».

« Le 27 Août nous marchâmes près de fix heures, & nous nous retirâmes à *La-*

vander, village peu confidérable. Le 28,
après une route auffi longue, on arriva
aux bains d'*Affancalé*, bâtis affez pro-
prement fur le bord de l'Araxe, à une
petite journée d'Erzeron. Ils font chauds
& fort fréquentés. L'araxe qui tombe
des montagnes où font les fources de
l'Euphrate, n'eft pas confidérable à *Affancalé*, dont la plaine eft plus fertile
que celle d'Erzeron & produit de meilleur froment. Généralement parlant, tous
les bleds font bas en Arménie, & la
plupart ne font que quadrupler, fur-
tout auprès d'Erzeron, mais auffi il y
en a une fi grande quantité, qu'elle fup-
plée au refte. Si l'on n'avoit pas la com-
modité d'arrofer les terres, elles feroient
prefque ftériles »……

« Nous allâmes vifiter la campagne,
après nous être délaffés dans la ville,
& ne manquâmes pas de parcourir la
belle vallée des *Quarante-Moulins*, où
nous avions laiffé trop de plantes rares
en fleurs, pour oublier d'en amaffer les
graines. Nous pafsâmes dans le même
deffein le 1er. Septembre au *Monaftère*

rouge des Arméniens, d'où nous montâmes encore vers les sources de l'Euphrate pour continuer notre moisson. Les Curdes, graces à Dieu, avoient évacué ces montagnes, ainsi notre seconde récolte fut faite avec plus de tranquillité que la première. Cette récolte consistoit plus en graines de plantes que nous avions déjà vues, qu'en nouvelles découvertes ; mais ces graines n'étoient pas le moindre fruit de notre voyage. C'est par leur moyen que les plantes d'Arménie se font répandues dans le Jardin du Roi, & dans les plus célèbres Jardins de l'Europe, aux Intendans desquels nous en avons communiqué une bonne partie. Nous nous amusions de cette manière autour d'Erzeron, tantôt d'un côté, tantôt de l'autre, & nous ne laissions pas de glaner utilement. Voici la description d'une très-belle espèce d'*armoise*, dont personne, je crois, n'a fait encore aucune mention. Elle se trouve dans le cimetière des Arméniens, & dans quelques endroits autour de la ville, où elle ne fleurit qu'en automne » ......

« Au sud-est d'Erzeron, est la vallée de *Caracaia* qui est toute remplie de belles plantes ; nous y observâmes entre autres choses le vrai *napel découpé*, comme le représente la figure que Clusius en a donnée. La *cariophillata aquatica*, *nutante flore* c B. n'y est pas rare. Rien ne nous faisoit plus de plaisir que de voir de temps en temps des plantes des Alpes & des Pyrénées ».

« En attendant le départ de la caravane de Tocat, dont nous devions profiter pour aller à Smyrne, nous allions causer dans les Caravanseras pour apprendre des nouvelles. Nous y trouvâmes une troupe de ces gens qui vont chercher les drogues en Perse & dans le Mogol pour les apporter en Turquie. Ils nous assurèrent que c'est principalement à *Machat*, ville de Perse, où ceux du pays font leurs principaux magasins ; mais tout cela ne nous instruisoit guère, car ceux qui remplissent les magasins, & ceux même qui vont encore plus loin chercher des drogues sur les lieux, & dans les villages où les paysans les ap-

portent de la campagne, ne font guère
mieux informés. Je ne vois rien de fi
difficile que de faire une bonne *hiftoire
des drogues*, c'eft-à-dire de décrire non
feulement tout ce qui compofe la matière médicinale, mais encore de faire
la defcription des plantes, des animaux
& des minéraux d'où on les tire ; non
feulement il faudroit aller en Perfe,
mais auffi dans le Mogol qui eft le plus
riche Empire du monde, & où on reçoit parfaitement bien les étrangers, fur-
tout ceux qui font riches en efpèces d'or
& d'argent ; tout s'y achète argent comp-
tant, & il n'eft permis d'en faire fortir
que les marchandifes : ainfi toutes les
monnoies étrangères reftent dans le pays,
où elles font converties en celles du
Prince ; mais quelle peine n'auroit-on
pas quand on feroit dans ce royaume,
fi l'on vouloit s'éclaircir par foi-même
de ce qui concerne la connoiffance des
drogues ! on fe trouveroit obligé de fe
tranfporter fur les lieux où elles naiffent, pour décrire les plantes qui les
produifent ; & à combien de maladies

ne s'exposeroit - on pas ! La vie d'un
homme suffiroit à peine pour bien observer celles que l'Asie produit. Il faudroit d'ailleurs parcourir la *Perse*, le
Mogol, les *isles de Ceylas*, *Sumatra*,
Ternate, & je ne sais combien d'autres
contrées où l'on ne trouveroit pas les
mêmes facilités que chez le Mogol. La
seule rhubarbe demanderoit un voyage
à la Chine ou en Tartarie; ensuite il
faudroit descendre en Arabie, en Egypte,
en Ethiopie; je ne parle pas des drogues qui ne se trouvent qu'en Amérique,
& qui ne sont pas moins précieuses que
celles que nous fournissent les autres
parties du monde; en allant en Amérique, il faudroit relâcher dans les *Isles
Canaries* pour décrire *le sang de dragon* ».

« Après cela je ne suis pas surpris si
ceux qui se mêlent d'écrire l'histoire des
drogues, font tant de bévues, & moi
le premier. On ne rapporte que des faits
incertains & des descriptions impar-
faites. Il est encore plus honteux pour
nous de ne pas connoître celles qui se
préparent en France; où trouve-t-on
des

des relations exactes du *verd-de-gris*, de *la poix*, de *la térébenthine*, du *sapin*, de *la meleze*, de l'*agaric*, de nos *vitriols* ».

« Il résulte de cette intéressante description de l'Ararat, que Tournefort n'a reconnu, que, dans la partie la plus froide, quelques plantes des Alpes & des Pyrénées ; mais on ne voit ici ni l'ordre respectif des climats, ni les limites qui les séparent ; c'est pourtant la première idée qu'on ait eue sur cet objet ; mais, (comme dans tous les autres Botanistes qui recherchent des plantes nouvelles & non des climats,) elle est perdue dans un ouvrage dont elle n'avoit point été l'objet principal.

EXTRAIT

DE L'OUVRAGE DE LINNEUS ,

INTITULÉ

STATIONES PLANTARUM,

Amœnit. Acad. vol. IV , pag. 64.

I. PLANTÆ AQUATICÆ.

1 *Marinæ.* 2 *Maritimæ.* 3 *Lacueſtres.*
4 *Puluſtres.* 5 *inundatæ.* 6 *ſubmerſæ.*
7 *natantes.* 8 *amphibiæ.* 9 *uliginoſæ.*
10 *Cœſpitoſæ.*

II. PLANTÆ ALPINÆ.

1 *Æthereæ.*
Salix lappdnum. Azala lapponica.
Arbutus alpina. Veronica alpina. Al-
chemilla alpina , diapenſia lapponica.
Saxifraga nivalis. Ranunculus glacialis,
& lapponicus. Bartſia alpina. Draba
alpina. Potenlilla nivea. Viola biflora.
Campanula uniflora. Angelica archan-
gelica.

2 *Occlusæ.*

Tussilago fragida sonchus alpinus. Aconitum lycortonum.

III. PLANTÆ UMBROSÆ.

1 *Nemorosæ.* 2 *sylvaticæ.*

IV. PLANTÆ CAMPESTRES.

1 *Arvenses.* 2 *Cultæ.* 3 *Ruderales.* 4 *Pratenses.* 5 *arenariæ.* 6 *argillaceæ.*

V. PLANTÆ MONTANÆ.

1 *Glabretosæ.* 2 *collinæ.* 5 *rupestres.*

VI. PLANTÆ PARASYTICÆ.

1 *Arboreæ herbaceæ.* 2 *radicales.*

Il résulte de ce tableau, extrait du système de la station des plantes, que Linné n'a exposé ni *les faits* de cette station géographique que j'ai déterminée dans cet Ouvrage, ni les principes ou vérités fondamentales de cette partie de la science des végétaux ; car,

1°. Linneus au lieu de décrire la

Z 2

hiérarchie du règne végétal depuis les lieux les plus enfoncés, les plus méridionaux & les plus chauds, jufqu'aux lieux les plus élevés & les plus froids, n'a obfervé feulement que *la nature* & les *circonftances* du fol, & non la *température* ; & au lieu de comparer & de joindre les divers climats renfermés entre les deux extrêmités de la plus grande & de la plus petite chaleur, où il eût trouvé fes divifions & fes partitions naturelles des climats, il compare feulement, & met à côté fix fortes de plantes, les aquatiques, les alpines, celles qui recherchent l'ombre, celles des champs, celles des montagnes & les parafytes.

Le fyftême réciproque & comparé des climats, & les limites naturelles que j'ai expofés ne font donc point dans cet Ouvrage de Linné.

2°. Il eft fi vrai que les *ftations des plantes* de Linné ne font point *la Géographie des plantes* ; qu'il refte encore à l'établir fur la divifion même établie par l'Auteur. Il faut montrer ultérieurement quelles font les parasytes de tous les climats ; quelles font les plantes qui se plaisent à l'ombre dans tous les climats ; quelles plantes aquatiques se trouvent sur les hauteurs & dans les Provinces méridionales.

Il est donc constant que Linné a traité les plantes, non selon leur *climat naturel*, mais selon la *forme* du lieu où elles croissent, (*secundùm solum natale*) comme il le dit lui-même.

La disposition des plantes, selon la forme du sol, est même très-incomplette dans cet Ouvrage, elle n'est que relative à la position du sol, & non point au caractère physique de ce sol. Quand Linné les considère, relativement à ce caractère, & qu'il établit *les arvenses*, *cultæ*, *ruderales*, *pratenses*, *arenariæ*, *argillaceæ*, il oublie que le globe a éprouvé trois affections principales à trois époques, dont les terres granitiques, calcaires, volcaniques font les monumens : & comme ces trois sortes de terreins offrent des différences remarquables dans la végétation, plus impor-

Z 3

tantes que le *fite* de la montagne, il
fuit que la Géographie des plantes ou
leurs ftations, felon la nature du fol,
n'eft point dans l'Ouvrage de Linné.
Son Livre intitulé : *Stationes Plantarum*, n'eft donc point, 1°. la détermination des climats athmofphériques;
2°. il n'eft point la détermination géographique des plantes, d'après la nature du fol, mais plutôt d'après le fite
& la différence des lieux ombrés ou
éclairés, fecs ou humides, cultivés ou
en friche, marécageux ou fluviatiles;
tandis que la variété des ftations des
plantes eft fondée principalement fur
les quatre fortes de terreins, calcaire,
volcanique, granitique, & celui formé
d'aterriffemens. Le fyftême de Linné,
fur la difperfion des plantes, relativement au fol qui les produit, eft donc
fondé uniquement fur la forme de ce
fol, & non fur la nature des trois principales fubftances qui entrent dans la conftitution phyfique des terres végétales.

EXTRAIT

DE L'OUVRAGE DE LINNEUS,

INTITULÉ

FLORA ALPINA,

Amœnit. Acad. Tom. IV, pag. 415.

LINNEUS appliquant fa méthode aux plantes obfervées fur le fommet des Alpes, les a claffées en *Diandria*, *monogynia*, *triandria*. *tetrandria*, *pentandria*, &c. Tom. IV, page 428, Amœnit. Acad.

Il fuit de ce tableau univerfel de toutes les plantes alpines connues, que les montagnes de la Suiffe, de la Suede, des Pyrénées, & les régions de la Laponie & de la Sibérie ont à-peu-près les mêmes plantes.

Cette obfervation n'eft ni la Géographie des plantes, ni les principes de cette Géographie, ni leur application;

Z 4

ni le fyftême des climats, ou compa-
rés, ou entrelacés, ou fuperpofés des
plantes que j'ai expofées dans cet Ouvrage.

En effet ma Géographie phyfique
des plantes n'exifte que dans la comparaifon des climats, dans la détermination de leurs limites refpectives qui
fe multiplient depuis le pied des montagnes jufqu'au fommet glacé; or Linné
ne traite ici qu'un feul climat, en forte
que le *Flora alpina* de Linné n'eft pas
plus la Géographie des plantes que le
Flora Monfpelienfis; & comme on ne
peut appeller *Géographie politique* la
defcription d'une province, de même
on ne peut appeller *Géographie des
plantes* la nomenclature des plantes alpines que Linneus a donnée dans le
Flora Alpina; une partie ne peut être
prife pour le tout : fur-tout quand c'eft
la plus petite partie; or il eft conftant
que l'ordre des plantes alpines eft peu
confidérable, relativement à toutes les
autres.

Linneus diftingue cependant dans le

climat alpin plusieurs sites différens : *Alpes eos appellabimus montes*, dit-il, *in quibus nulla sylva crescere potest ; aut si vel maximæ arbor illic nasceretur in altum sese extollere nequiret ; sed sine stipite terra ad pressa fruticis instar jacere cogeretur.* Ibid. Tom. IV, pag. 418. Ainsi Linneus reconnoît dans le pays alpin une station supérieure, où ne peuvent vivre de grands arbres.

Mais, ou ils ne peuvent y vivre, parce que la roche est toute nue, ou parce qu'il n'existe pas assez de chaleur. Il n'est pas croyable que Linné ait voulu assigner le premier cas. Dans le second, j'observerai que quoiqu'en Vivarais le sommet du Mezin soit alpin dans son sens, & quoiqu'il soit tout chauve, les grands arbres se trouvent cependant sur les Alpes, vers la borne supérieure de glace stable, qui est le lieu végétable le plus froid; d'où il résulte qu'il n'existeroit, dans ce sens, aucun véritable climat alpin.

EXTAIT

DU FLORA MONSPELIENSIS

DE LINNEUS,

AMŒNIT. ACAD. TOM. IV, PAG. 468.

LïNNEUS qui a placé à côté du *Flora Alpina* le *Flora Monspeliensis*, eût pu déterminer les climats & leurs limites respectives, s'il avoit observé les végétaux dans ce sens.

Mais au lieu de considérer la marche graduelle de la nature, il ne voit, dans cette nouvelle position des plantes, que des sites divers, & non des athmosphères différentes. La mer, les fleuves, les montagnes, les collines, les forêts, les lieux alpins, dit-il, font la cause de la richesse de la végétation dans les terres.

Linné ne compare la végétation de ce lieu qu'à la seule végétation d'Upsal; l'été, dit-il, est plus long de deux mois

à Montpellier qu'à Upfal, vérité intermédiaire qui eût pu faciliter à ce célèbre Philofophe la connoiffance des
limites, des climats & de leur fuper-
pofition ; car cette idée peut y être
adaptée aifément.

Mon intention n'eft point de dépri-
mer ici le célèbre Naturalifte du Nord,
qui a acquis & mérite une grande réputation ; mais j'ai dû prouver que les
principes de Linné, fur la difperfion des
plantes, font établis, 1°. fur les fites
du lieu natal de la plante, & non fur
le caractère phyfique du fol ; 2°. qu'il
n'a point affigné le climat des plantes,
ni pofé leurs limites, ni fuivi les différentes athmofphères particulières aux
climats.

Le caractère des plantes alpines n'eft
déterminé cependant dans aucun Botanifte avec autant de précifion & de vérité;
il raconte en excellent phyfiologifte des
plantes, les afpects fous lefquels elles fe
préfentent fur ces hautes montagnes:
« plantæ alpinæ, dit-il, *pag. 423*, funt
quæ maximam partem *exiguæ*, utpote

in aperto natæ campo & ventis expo-
fitæ omnibus, magnæ enim umbrofis ut
plurimum reperiuntur.

Duriores, tùm quòd in fabulo, &
terrâ macrâ ferè crefcunt, tum quòd
à ventis quaffantur & duriori vexan-
tur cœlo : ut taceam, quod fruticum
alburna, per æftatem tam brevem, mi-
nùs craffa induant, adeoque ipfi mi-
nùs augeri queant.

Dantur etiam in Alpibus plantæ nonnullæ *fucculentæ*, quæ ex aëre præci-
puum fuum attrahere poffunt alimen-
tum.

Sunt pleræque *fruticofæ* quarum duri
ramuli humi repunt quemadmodum ca-
penfes.

Si quæ hîc reperiuntur *molliores* plantæ, funt illæ plerumque in folis fcatu-
riginofis, & juxtà rivos.

Inter frutices in Alpibus frequentif-
fimæ & præcipuæ funt *falices*, quòd hæ
maturè, uti notum eft, florent & brevi
produnt fructum fuum.

Sunt plures in Alpibus plantæ *vivi-
paræ*, quàm àlibi, quo, fi fortè fructus

non maturefcat, caulis fuas ferit gemmas five bulbos, ut *feftucæ*, *aira*, *poa*, *polygonum*, *faxifraga*.

Vernales funt omnes plantæ merè alpinæ in hortos introductæ.

Extrà Alpes delatæ plantæ imprimis locis *cœfpitofis* gaudent.

A veris diebus calidis noctibufque gelidis deftruuntur; hinc verno tempore *obtegendæ* ufquè dùm gelu nocturnum ceffavit.

Per Alpes noftras proficifcenti plurimas, contemplari licet plantas peregrinas, quæ alibi in patria fruftrà quæruntur, i. e. plantas merè alpinas. Horum fi cognofcere cupis nomina, defcriptiones & figuras, in nullis eâ aliis reperies autoribus, quàm iis, qui herbas collegerunt in alpibus nobis extraneis, quamvis à noftris procul fitis. Contrà, qui herbas perluftrat in longinquis illis crefcentes Alpibus, quæ alibi in Europâ non comparent, earumdem magnam partem in noftris Alpibus fpontaneam agnofcet. Tandem etiam nonnullæ in iis funt, quæ in illis non deprehenduntur. Aliquæ iterùm obviæ sunt in Alpibus helveticis, quas non invenire licet in Scoticis aut Pyrenœis, & sic porrò. Cujus tamen rei ratio non videtur esse alia, quam quòd, semina sua ab his Alpibus in cæteras, per longam eorum distantiam, non licuit illis transmittere vel serere. Cùm igitur plurimæ plantæ alpinæ pluribus communes sint Alpibus, aliis verò terræ speciebus non item; satis indè perspicitur rationem & fundamentum soli illarum in ipsâ Alpium naturâ latere; hinc ita argumentamur : quandoquidem eadem est natura Alpium, inque ea continetur ratio plantarum in iis crescentium, sequitur ut eædem in singulis crescere possint plantæ ; ergò quæ in aliis jàm crescunt, in nostris etiam crescere possunt. Undè porrò hoc resultat consectarium: si plantarum quarumcumque alpinarum semina advecta in nostris sererentur Alpibus, non illic modò facilè crescerent, verùm etiam ibidem velut in ipsâ suâ patriâ, se propagarent & multiplicarent.

Alpes fibi utiles reddituro & cum fructu culturo, fi res rectè fuccedet, omnes plantæ alpinæ funt cognofcendæ. Quibufnam in Alpibus fingulæ crefcant, fciendum, ut femina indè, vel vivas fibi comparet radices. Cunctæ eidem funt examinandæ, imprimis verò indagandum quænam publicis inferviant commodis, utpotè quarum in cibis parandis & fupellectitibus, in medicina vel fabricis & opificiis ufus eft; atquæ hæ potiffimum plantandæ, quomodò in Alpibus noftris novæ oriri & exiftere poterunt divitiæ, & quòd infequitur, incolæ, qui eis quiverint fuftentari.............

In Laponicis noftris Alpibus parùm ultra centuria plantarum alpinarum continetur, quibus verò fi eas addere, quas apud auctores, de aliis alpibus agentes, inveni, quatuor exurgunt centuriæ, ut in noftris Alpibus tres quartæ partes earum, quæ illic feri & crefcere poffunt, defiderentur.

Sibiricæ plantæ magnâ ex parte funt alpinæ, fed per paucas earum huc aufus fum inferere, quippè de plerifquè haud perfuafus, quòd in locis tàm editis quàm noftræ funt Alpes, creverint, ut & quod in patentibus camporum æquoribus perduraverint. Eft enim plantarum magna cohors, quæ alpinarum numero ab Auctoribus habetur, nec tamen pœtentiorem campum fuftinet, fed in fylvis & umbrofis locis ad latera Alpium crefcere amat, quæ propter cum plantis merè alpinis nullo modo eft confundenda; ut enim propè alpes crefcant, inter plantas nemorofas, ficut fonchus *alpinus*, omninò funt referendæ.

Fin des Principes de la Géographie des Plantes,

Et du Tome I fur les Végétaux.

TABLE

TABLE
DES CHAPITRES.

A a

CHAP. I. *Histoire des découvertes des Anciens & des Modernes sur la Géographie physique des plantes. Pline découvre quelques arbres résineux & alpins. Porta trouve des plantes de trois climats. Tournefort décrit dans ses voyages sur le Mont-Ararat les plantes de plusieurs contrées du globe. Linné confirme les observations de Tournefort. M. Guettard reconnoît un plus grand nombre de plantes dans nos Provinces méridionales, & desire qu'on traite la Flore Françoise d'après son observation. M. le Comte de Buffon observe que chaque degré de température produit ses plantes. Ouvrages de Haller sur les plantes du sommet des Alpes. M. Adanson fait connoître les phénomènes des plantes qui vivent sous la ligne. L'Auteur des mémoires sur le mont Pilat pense que le site des*

Aa 3

Fin de la Table des Chapitres.

ERRATA ESSENTIEL DE CE TOME.

PAGE 82, ligne 15, *lisez*, sucs cancéreux

Page 85, ligne 12, *lisez*, du côté en friche,

Idem. ligne 14, *lisez*, sensibilité méchanique des Plantes qui les porte à développer, à étendre la racine, vers le lieu le mieux cultivé.

Page 88, ligne 12, *lisez*, ici l'organe qui reçoit la

Page 89, ligne 13, *lisez*, il a enfoncé ses racines dans la

Page 96, ligne 17, *lisez*, aidée par les courans d'air

AU RELIEUR.

Les deux Cartes géographiques doivent être collées de manière qu'elles se correspondent. L'inférieure doit tenir au volume, vis-à-vis de la page 139. La supérieure doit être repliée en bas, sans tenir au volume, mais bien à la Carte inférieure.

La Planche 2 doit être vis-à-vis de la page 265.